## 校企合作系列丛书

计算机网络技术专业

# Network Systems Administration
## —Practice Course for Network Deployment I

# 网络系统管理
## ——网络部署实训教程

### （上册）

主　编　杨　柳

副主编　徐礼康　卞　炜　任卓君

合作企业

上海紫越网络科技股份有限公司

WUHAN UNIVERSITY PRESS

武汉大学出版社

**图书在版编目(CIP)数据**

网络系统管理:网络部署实训教程.上册/杨柳主编;徐礼康,卞炜,任卓君副主编.—武汉:武汉大学出版社,2022.6

校企合作系列丛书.计算机网络技术专业

ISBN 978-7-307-23108-5

Ⅰ.网⋯ Ⅱ.①杨⋯ ②徐⋯ ③卞⋯ ④任⋯ Ⅲ.计算机网络—网络系统—系统管理 Ⅳ.TP393.07

中国版本图书馆 CIP 数据核字(2022)第 091767 号

责任编辑:刘小娟 杨 晓 责任校对:路亚妮 装帧设计:吴 极

出版发行:**武汉大学出版社** (430072 武昌 珞珈山)

(电子邮箱:whu_publish@163.com 网址:www.stmpress.cn)

印刷:广东虎彩云印刷有限公司

开本:787×1092 1/16 印张:14.25 字数:325 千字

版次:2022 年 6 月第 1 版 2022 年 6 月第 1 次印刷

ISBN 978-7-307-23108-5 定价:45.00 元

# 前　言

　　近年来,在互联网＋、云计算、物联网、大数据等新兴领域的发展趋势下,几乎各个行业都在构思互联网与产品的融合,整个社会对网络技术人才的需求呈指数型增长。鉴于网络互联设备配置的相关课程是计算机网络技术专业的核心课程,编者在总结多年计算机网络教学经验和企业实践经验的基础上,编写了本书。

　　本书可作为高等职业教育或者中等职业教育教材使用,也可作为中高职贯通培养模式或者高本贯通培养模式课程教材使用,适用于计算机网络技术相关专业学生学习,与《网络系统管理——网络部署实训教程(下册)》分别作为两门专业核心课程——"路由交换技术基础"和"高级路由交换技术"——的配套教材。这两本书采用统一的结构和编写逻辑,由浅入深,循序渐进地组织教学内容。

　　鉴于学生初次接触网络互联设备的配置,本书尽可能以浅显易懂的语言来论述相关知识,并配以丰富的实训案例,让学生在实践操作中掌握网络互联过程中涉及的设备配置及相关技术。本书打破传统教材以理论知识传播为主的模式,以某公司从小规模经营,经过业务发展,逐步扩张为大型公司,网络架构在此过程中也由简单到复杂为背景主线,以任务导向的形式循序渐进地引入相关网络设备和技术。本书是在《网络互联技术实训教程(上册)》的基础上改编而成,《网络互联技术实训教程(上册)》以 H3C 设备为平台,但考虑到国产设备在国内市场占有率逐年提高,学生需要了解国内不同厂商设备的配置原理和方法,所以本书以锐捷设备为平台,一方面融入近年全国职业技能大赛中与网络系统管理项目相关的知识点,另一方面和《网络系统管理——网络部署实训教程(下册)》协调统一,更好地衔接并实现知识一体化。两书框架基本相同,读者可根据两书内容,对比不同平台的设备,发现它们的相同和不同之处。

　　全书共分为 9 个任务,任务 1 至任务 5 为路由篇,包括路由器基本操作、静态路由、RIP 协议、OSPF 协议和 ACL。任务 6 至任务 8 为交换机篇,包括交换机及 VLAN 基本操作、生成树协议和局域网安全技术。任务 9 为内外网互联。每个任务由 8 个模块组成,包括知识目标、能力目标、素质目标、任务描述、知识储备、任务实施、任务小结和任务拓展,通过任务引入、边学边做和强化拓展来达到学习知识、培养能力的目的。

　　本书的主要特点是以任务为导向,实践性强;由浅入深,层次分明;理论够用,侧重实践。本书既可以作为教材使用,也可以作为实训指导书使用。建议课时不少于 60 课时。

　　本书由上海行健职业学院和上海紫越网络科技股份有限公司共同开发,由杨柳、徐礼康、卞炜和任卓君负责编写并统稿,参加编写的还有李琪、谢金洲、吴哲伦、单智文、庄杰伦、沈天祺等。李越、王莹、东苗、王嘉铭在本书编写过程中给予了支持与帮助，并提出了宝贵意见，在此一并表示衷心感谢！

由于编者水平有限，书中疏漏和不妥之处在所难免，敬请读者批评指正。E-mail：yangliu094@163.com。

编　者

2022 年 2 月

# 目　　录

# 任务 1　路由器基本操作

## 【知识目标】

❖ 了解路由器的功能和组成。

❖ 掌握登录路由器的不同方法。

❖ 熟悉路由器的基本工作模式和基本命令。

## 【能力目标】

❖ 能够将路由器与计算机相连并完成基本配置。

❖ 能够通过 Telnet 和 SSH 等不同的方法登录并配置路由器。

## 【素质目标】

❖ 培养谨慎、认真的工作态度。

❖ 树立家国情怀,激发使命担当。

❖ 打破固化思维,培养创新意识。

## 【任务描述】

某公司新引进锐捷的 RSR20 系列路由器一台,现需要网络工程师通过合适的方法对路由器进行以下配置:

❖ 修改路由器名称;

❖ 启用相关接口并为其分配相应的 IP 地址;

❖ 根据公司的安全制度设定用户名和密码等,且可以通过 Telnet 或 SSH 的方式登录路由器,以方便后续对路由器进行配置;

❖ 用合适的线缆连接路由器和计算机,检查它们之间的连通性。

## 【知识储备】

## 1.1　认识路由器

路由器是构建各种规模企业网络的一种关键互联设备,用于连接多个逻辑上分开的网络。所谓逻辑网络,代表一个单独的网络或者一个子网,每个网络具备不同的网络 ID。路由器是工作在网络层的互联设备,其主要功能是为网络上传输的数据包选择传输路径并依据传输路径转发数据包。

### 1.1.1　路由器的功能

其一，路由器用于连接不同类型的网络，不仅用于局域网的互联，也常常用于广域网的互联。

局域网互联中，路由器的每一个接口分别连接一个网络，每个端口都需要分配一个该接口所连接网络的 IP 地址。如图 1-1 所示，路由器连接着四个 C 类网络192.168.1.0/24，192.168.2.0/24，192.168.3.0/24 和 192.168.4.0/24，需要四个接口，每个接口都分配了一个所在网络的 IP 地址。通过路由器连接，四个不同的网络能够实现相互通信。

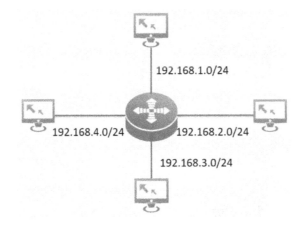

**图 1-1　路由器用于局域网的互联**

广域网互联中，路由器也起着至关重要的作用。如图 1-2 所示，R1 左边局域网发往 R2 右边局域网的数据包通过 R1 处理后，从连接到广域网的串行接口发送到广域网上，到达 R2 后，经过处理，从以太网接口发送到右边局域网。这是路由器最典型的应用。

**图 1-2　路由器用于广域网的互联**

其二，路径选择和数据包转发也是路由器的主要功能。在网络传输中，数据包的源节点和目的节点间通常会有多条传输路径，路由就是为数据包选择一条合适的路径，路由器根据路由表进行路由选择工作，并根据数据包携带的目标网络地址找到路由表里相应的表项，把数据转发到相应的路由器端口。

### 1.1.2　路由器的组成

路由器与常见的 PC 一样，由 CPU、各种存储器和接口电路组成，是一台具有特殊用途的计算机。与常见的 PC 相比，路由器没有键盘、鼠标、显示器和硬盘，但多了 flash 以及各种类型的接口，系统软件通常置于内存中。不同公司、不同系列的路由器，其 CPU、

存储器,特别是各种接口种类和数量都不同。图 1-3 是路由器的前面板图,图 1-4～图 1-6
分别为其 A、B、C 各区放大图,图 1-7 是路由器的后面板图,其中有路由器的各种接口,最
为常见的是 Console 口、以太网接口(FE 口 0 和 FE 口 1)和广域网接口(Serial 口)。

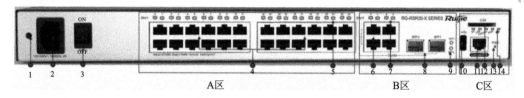

**图 1-3　路由器的前面板图**

1—电源线束线卡扣安装孔;2—输入电源接口;3—电源开关;

4—24 个 10M/100M/1000M 以太网交换口(Gi1/0～Gi1/23 端口);

5—24 个以太网交换口状态指示灯;6—4 个 10M/100M/1000M 三层以太网电口(Gi0/0～Gi0/3 端口);

7—4 个三层以太网电口指示灯;8—2 个 SFP 光口(与其中 2 个 1000M 以太网电口复用);9—2 个 SFP 光口指示灯;

10—USB 设备插槽;11—Console/AUX 复用口;12—SD 卡插槽;13—FUNC 多功能按键;14—工作指示灯

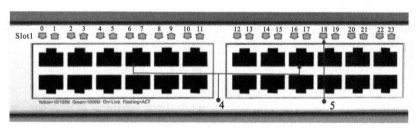

**图 1-4　A 区放大图**

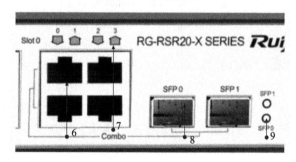

**图 1-5　B 区放大图**

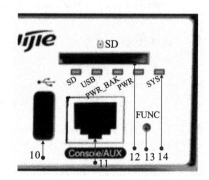

**图 1-6　C 区放大图**

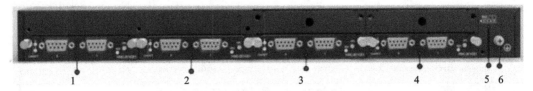

**图 1-7　路由器的后面板图**

1—Slot2；2—Slot3；3—Slot4；4—Slot5；5—机壳接地接口；6—槽位号标识说明

路由器前面板指示灯说明见表 1-1。

表 1-1　　　　　　　　　　　　　　**路由器前面板指示灯说明**

| 指示灯 | 说明 |
|---|---|
| PWR(电源指示灯) | 灯亮表示单板供电正常；灯灭表示单板没有供电 |
| SYS<br>(硬件系统运行指示灯) | 灯闪烁表示系统正常运行；灯常亮或灯灭表示系统工作不正常 |

其实路由器的内部是一块电路板，上面有许多大规模集成电路，还有一些插槽，用于扩充 flash、内存、接口和总线。路由器的核心内部组件有以下几种：

(1)CPU(中央处理单元)，与常见 PC 一样，它是路由器的控制和运算部件，执行操作系统指令，如系统初始化、路由功能等。

(2)RAM(random-access memory，随机访问存储器)，用于存储临时的运算结果如路由表，保持 ARP(address resolution protocol，地址解析协议)缓存，完成数据包缓存等。为当前配置文件(current-configuration)提供暂时的存储，当路由器断电后，存储内容全部丢失。

(3)flash 存储器(快闪存储器)，默认情况下，路由器从 flash 存储器读取配置文件和应用程序文件引导启动。flash 存储器用于存储配置文件、应用程序文件和运行中产生的日志文件等。路由器断电后，flash 存储器中存储的内容不会丢失。

(4)ROM(read-only memory，只读存储器)，主要任务是查找应用程序文件并引导到操作系统，在配置文件或应用程序文件出现故障时提供一种恢复手段。

# 1.2　了解路由器的操作基础

网络设备也像计算机一样需要操作系统来维持系统硬件和软件的正常运行，并为用户提供管理网络设备的接口和界面。不同厂商的网络设备，其操作系统也不同，如华为的 VRP、Cisco 的 iOS、锐捷的 RGOS、H3C 的 Comware 等。网络设备的操作系统都采用命令行接口(command line interface，CLI)的方式对网络设备进行管理和操作。用户可以通过本地和远程登录等多种方法连接网络设备。

"科技立则民族立，科技强则国家强"。国产网络设备近年来市场占有率和国际影响力逐年提高，作为国之一员，理应有强烈的使命感和责任感，积极探索科技前沿，攀登科技高峰，为实现高水平科技自立自强贡献力量。

### 1.2.1　连接到命令行接口的方法

　　用户可以通过多种方法来访问网络设备的 CLI,包括 Console 口访问、Telnet 终端访问、SSH 终端访问、异步串口访问等。为避免单一方式带来的局限性,在日常的工作和生活中,应打破固化思维,争取多渠道、多举措、多维度解决问题,增强创新意识。下面介绍几种常用的访问 CLI 的方法。

#### 1. 使用 Console 口访问路由器

　　对于初始安装的路由器来说,第一次配置只能通过 Console 口的方式登录进行。由于路由器没有配置显示屏和键盘,所以初始配置必须借助计算机。配置前需要用专用的 Console 线缆连接路由器和计算机,如图 1-8 所示,将 Console 线缆的 RJ-45 接口端连接路由器的 Console 口,另一端通过转接头和计算机的串口相连。

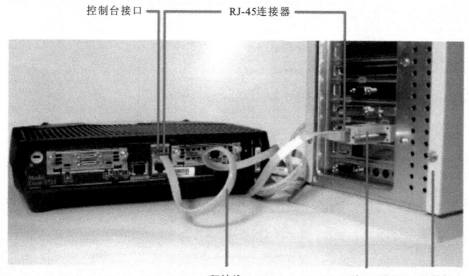

图 1-8　通过 Console 口连接计算机的串口

　　正确连接好路由器和计算机后,就可以在计算机上使用超级终端通信程序对路由器进行配置。单击计算机的"开始"→"程序"→"附件"→"通信"→"超级终端",根据向导为此连接输入一个名称,然后选择连接所使用的端口,端口属性设置成每秒位数 9600,数据位 8,奇偶校验无,停止位 1,数据流控制无,如图 1-9~图 1-11 所示。

　　在超级终端通信程序窗口中按<Enter>键,若连接成功,会出现路由器的自检信息,自检结束后提示用户按<Enter>键,用户依提示按<Enter>键后界面上将出现命令行提示符,如图 1-12 所示。

图 1-9　新建连接　　　　　　　　　图 1-10　连接端口设置

图 1-11　端口通信参数设置

图 1-12　路由器初始配置界面

**2. 使用 Telnet 终端访问路由器**

在默认情况下，路由器的 Telnet 服务处于关闭状态，即在默认情况下，用户不能通过 Telnet 终端登录路由器。因此，若要通过 Telnet 终端登录路由器并对其进行配置，必须首先通过 Console 口登录，开启 Telnet 服务，并对认证方式、用户角色和其他属性进行相应的配置。通过 Telnet 终端访问路由器如图 1-13 所示。

**图 1-13　通过 Telnet 终端访问路由器**

如果路由器不是第一次上电,且用户已经正确配置了路由器各接口的 IP 地址,开启了路由器的 Telnet 服务功能,配置了正确的登录验证方式和访问控制规则,在配置终端与路由器之间能够互相连通的前提下,可以通过 Telnet 服务登录路由器,如图 1-14 所示,连通后系统将提示输入口令验证,验证成功后即可对路由器进行配置。

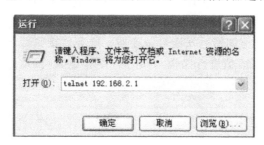

**图 1-14　在配置终端上运行 Telnet 服务**

通过 Telnet 配置路由器时,不要轻易修改路由器的 IP 地址,因为修改 IP 地址会导致 Telnet 连接断开。确需修改时,必须输入路由器的新 IP 地址,重新建立连接。

认证通过后,正常情况下会出现命令行提示符(如<ROUTER>),如果出现"All user interfaces are used,please try later!"的提示,说明系统能够允许的 Telnet 用户已经达到上限,应等待其他用户释放以后再连接。

### 3. 使用 SSH 终端访问路由器

在使用 Telnet 远程配置路由器或远程终端时,所有的信息都以明文的方式在网络上进行传输。为了提高信息传输的安全性,可以使用 SSH(secure shell,安全外壳协议)对远程终端进行配置,以有效地防止远程配置过程中的信息泄露。

SSH 主要由三部分组成,即传输层协议、用户认证协议、连接协议。SSH 同样基于 TCP 协议,使用 22 号端口。

用户可以在路由器或网络设备上开启 SSH 的服务功能,本地计算机或终端设备通过 SSH 远程登录路由器,登录成功后可以对其进行配置,如图 1-15 所示。

**图 1-15　通过 SSH 终端访问路由器**

SSH 提供了两种安全验证方法:

(1)基于密码的安全验证(password 验证)。

客户端向服务器发出密码验证请求,将用户名和密码加密后发送给服务器;服务器对接收到的信息进行解密,对比解密后得到的用户名和密码,返回验证成功或失败的消息。以这种方式传输的信息虽然会被加密,但是无法验证客户端是否连接上真正的服务器。

（2）基于密钥的安全验证（publickey 验证）。

用户需要创建一对密钥,并把公钥放在需要访问的服务器上。当客户端使用 SSH 进行连接时,客户端会发送 RSA 验证请求和自己的公钥给服务器;服务器收到信息后,对其进行合法性检查,若消息不合法,则发送失败消息。如果消息合法,就会产生一个 32bytes 的随机数,按最高位（most significant bit,MSB）排列成一个多精度型（MP）整数,并用从客户端那里接收到的公钥加密后向客户端发出一个"质询"（challenge）。客户端收到后会用自己的私钥解密得到多精度型整数,用它和会话 ID 生成消息摘要 MD5 值,把这个 16bytes 的 MD5 值加密后发送给服务器。服务器接收后还原出 MD5 值,并将其与自身计算机生成的 MD5 值进行比较,若相同,则验证成功,发送成功消息;若不相同,则验证失败,发送失败消息。

## 1.2.2　命令行使用入门

### 1. 命令模式

锐捷网络设备管理界面分为若干不同的模式,用户网络设备配置的命令模式决定了其可以使用的命令。

在命令提示符下输入<?>可以列出每个命令模式支持使用的命令。

当用户和网络设备管理界面建立一个新的会话连接时,用户首先处于用户模式（user EXEC）,可以使用用户模式的命令。在用户模式下,只可以使用少量命令,并且命令的功能也受到一些限制,如 show 命令等。用户模式下的命令的操作结果不会被保存下来。

用户若要使用所有的命令,首先必须进入特权模式（privileged EXEC）。通常,在进入特权模式时必须输入特权模式的口令。在特权模式下,用户可以使用所有的特权命令,并且能够由此进入全局配置模式。

使用配置模式（全局配置模式、接口配置模式等）的命令,会对当前的配置产生影响。如果用户保存了配置信息,这些命令将被保存下来,并在系统重新启动时再次执行。要进入各种配置模式,首先必须进入全局配置模式。

表 1-2 列出了命令模式、访问方法、提示符、退出或进入下一模式的操作、功能。这里假定网络设备的名字为缺省的"Ruijie"。

表 1-2　　　　　　　　　　命令模式功能特性列表

| 命令模式 | 访问方法 | 提示符 | 退出或进入下一模式 | 功能 |
| --- | --- | --- | --- | --- |
| user EXEC（用户模式） | 访问网络设备时首先进入该模式 | Ruijie> | 输入 exit 命令退出该模式。要进入特权模式,输入 enable 命令 | 使用该模式来进行基本测试、显示系统信息 |

续表

| 命令模式 | 访问方法 | 提示符 | 退出或进入下一模式 | 功能 |
|---|---|---|---|---|
| privileged EXEC（特权模式） | 在用户模式下，使用 enable 命令进入该模式 | Ruijie# | 要返回用户模式，输入 disable 命令。<br>要进入全局配置模式，输入 configure 命令 | 使用该模式来验证设置命令的结果。该模式是具有口令保护的 |
| global configuration（全局配置模式） | 在特权模式下，使用 configure terminal 命令进入该模式 | Ruijie(config)# | 要返回特权模式，输入 exit 命令或 end 命令，或者按＜Ctrl＋C＞组合键。<br>要进入接口配置模式，输入 interface 命令。在 interface 命令中必须指明要进入的接口配置子模式。<br>要进入 VLAN 配置模式，输入 vlan vlan_id 命令 | 使用该模式的命令来配置影响整个网络设备的全局参数 |
| interface configuration（接口配置模式） | 在全局配置模式下，使用 interface 命令进入该模式 | Ruijie(config-if)# | 要返回特权模式，输入 end 命令，或按＜Ctrl＋C＞组合键。<br>要返回全局配置模式，输入 exit 命令。在 interface 命令中必须指明要进入的接口配置子模式 | 使用该模式配置网络设备的各种接口 |
| config-vlan（VLAN 配置模式） | 在全局配置模式下，使用 vlan vlan_id 命令进入该模式 | Ruijie(config-vlan)# | 要返回特权模式，输入 end 命令，或按＜Ctrl＋C＞组合键。<br>要返回全局配置模式，输入 exit 命令 | 使用该模式配置 VLAN 参数 |

**2. 命令行帮助特性：＜?＞和＜Tab＞键**

（1）＜?＞提供输入帮助。在某种模式下直接输入＜?＞，系统会显示此模式下所有命令；仅输入一个命令的前几个字符，然后输入＜?＞，系统会自动补全此模式下以这几个字符开头的所有命令；当输入一个命令的前一个单词，再输入＜空格?＞时，系统会显示以这个单词开头的所有命令。

（2）＜Tab＞键提供智能补全。仅输入命令的前几个字符，再按＜Tab＞键，系统会自动补全该命令；如果有多个命令都以前几个输入的字符开头，连续按＜Tab＞键，系统会在这些命令之间切换。

**3. 错误提示信息**

所有用户键入的命令，若通过语法检查，则正确执行。否则，向用户报告错误信息，常见错误信息提示见表 1-3。

表 1-3                                 常见错误信息提示

| 英文错误信息提示 | 含义 | 改正措施 |
| --- | --- | --- |
| % Incomplete command | 用户没有输入该命令所必需的关键字或者变量参数 | 重新输入命令，输入＜空格?＞，输入的关键字或者变量参数将被显示出来 |
| % Ambiguous command：<br>"show c" | 用户没有输入足够的字符，网络设备无法识别唯一的命令 | 重新输入命令，紧接着在发生歧义的单词后输入＜?＞。可能输入的关键字将被显示出来 |
| % Invalid input detected at '^' marker | 用户输入命令错误，符号(^)指明了产生错误的单词的位置 | 在所处的命令模式提示符下输入＜?＞，该模式允许的命令的关键字将被显示出来 |

#### 4.命令行历史命令记录

命令行接口提供历史命令自动保存功能,系统保存了用户输入的命令。该特性在重新输入长且复杂的命令时将发挥极大作用。从历史命令表中重新调用输入过的命令,操作如表 1-4 所示。

表 1-4                                 访问历史命令操作

| 操作 | 结果 |
| --- | --- |
| 按＜Ctrl＋P＞或上光标键"↑" | 在历史命令表中浏览前一条命令。从最近的一条记录开始,重复使用该操作可以查询更早的记录 |
| 按＜Ctrl＋N＞或下光标键"↓" | 在进行＜Ctrl＋P＞或上光标键"↑"操作之后,使用该操作在历史命令表中将回到更近的一条命令。重复使用该操作可以查询更近的记录 |

#### 5.命令行编辑特性

命令行接口提供基本的命令编辑功能,支持多行编辑,每条命令的最大长度为 256个字符,命令行编辑快捷键及其功能如表 1-5 所示。

表 1-5                              命令行编辑快捷键及其功能

| 功能 | 快捷键 | 说明 |
| --- | --- | --- |
| 在编辑行内移动光标 | 左光标键"←"或＜Ctrl＋B＞ | 光标移到左边一个字符 |
| | 右光标键"→"或＜Ctrl＋F＞ | 光标移到右边一个字符 |
| | ＜Ctrl＋A＞ | 光标移到命令行的首部 |
| | ＜Ctrl＋E＞ | 光标移到命令行的尾部 |
| 删除输入的字符 | ＜Backspace＞键 | 删除光标左边的一个字符 |
| | ＜Delete＞键 | 删除光标右边的一个字符 |
| 输出时屏幕滚动一行或一页 | ＜Enter＞键 | 在显示内容时将输出的内容向上滚动一行,显示下一行的内容。仅在输出内容未结束时使用 |
| | ＜Space＞键 | 在显示内容时将输出的内容向上滚动一页,显示下一页的内容。仅在输出内容未结束时使用 |

### 6.命令行滑动窗口

用户可以使用编辑功能中的滑动窗口特性,来编辑超过单行宽度的命令,使命令行的长度得以延伸。编辑时光标接近右边框,整个命令行会向左移动 20 个字符,但是仍然可以使光标回到前面的字符或者回到行首,光标移动快捷键及其功能如表 1-6 所示。

表 1-6　　　　　　　　　　　　　　光标移动快捷键及其功能

| 快捷键 | 功能 |
|---|---|
| 左光标键"←"或 <Ctrl+B> | 光标向左回退一个字符 |
| <Ctrl+A> | 光标回到行首 |
| 右光标键"→"或<Ctrl+F> | 光标向右前进一个字符 |
| <Ctrl+E> | 光标移动到行尾 |

例如,配置模式的命令 access-list 的输入可能超过一个屏幕的宽度。当光标第一次接近行尾时,整个命令行向左移动 20 个字符。命令行前部被隐藏的部分被符号($)代替。每次光标接近右边界时,整个命令行都会向左移动 20 个字符。

access-list 199 permit ip host 192.168.100.200 host

$ ost 192.168.100.200 host 202.100.78.23

$ 0.200 host 202.100.78.23 time-range T1

可以使用 <Ctrl+A> 快捷键回到命令行的首部。这时命令行尾部被隐藏的部分将被符号($)代替:

access-list 199 permit ip host 192.168.100.200 host 202.100.78.$

### 7.路由器基本操作命令

(1)配置主机名。

Ruijie(config)♯hostname *R1* 　　　　//将设备命名为 R1

R1 (config)♯

(2)配置系统时间。

Ruijie>enable

Ruijie♯clock set *10:00:00 12 1 2021* 　　　//clock set 时:分:秒　月　日　年

Ruijie♯configure terminal 　　//进入全局配置模式

Ruijie(config)♯clock timezone *beijing 8* //设置设备的时区为东 8 区(北京时间)

(3)接口描述(推荐配置)。

Ruijie (config)♯interface f0/0

Ruijie (config-if-FastEthernet 0/0)♯description *To_BJ*

(4)显示系统运行配置。

Ruijie ♯ show running-configuration

(5)显示当前系统的保存配置。

Ruijie ♯ show startup-configuration

系统运行配置存储在 RAM 中，系统断电后会丢失，而系统的保存配置存储在 CF 卡、flash 或硬盘上，系统断电后不会丢失。所以，系统运行配置需及时保存，以防配置丢失。

（6）保存系统的运行配置。

```
Ruijie # write
Building configuration...
[OK]
```

（7）删除和清空配置。

当需要删除某条命令时，可以在此命令前加上 no，进行逐条删除。

当需要恢复出厂配置时，首先在特权模式下执行 delete flash：config. text 命令来清空保存配置，但此时当前配置仍存在，需执行 reboot 命令重启设备后，才能恢复出厂配置。

（8）口令加密（推荐配置）。

Ruijie（config）# service password-encryption   //该命令可以对设备上配置的所有口令加密

（9）show 命令的查找和过滤。

RGOS 提供了丰富的信息查看命令，利用 show 命令可以收集系统状态信息，大概可以将其分为系统配置信息命令、系统运行状态命令和显示系统统计信息的命令等几类，要在 show 命令输出的信息中查找或过滤指定的内容，可以使用以下命令（表 1-7）。

表 1-7            查找或过滤指定内容的命令

| 命令 | 作用 |
|---|---|
| Ruijie# show any-command \|begin regular-expression | 在 show 命令的输出内容中查找指定的内容，将第一个包含该内容的行以及该行以后的全部信息输出 |
| Ruijie# show any-command \|exclude regular-expression | 在 show 命令的输出内容中进行过滤，输出除了包含指定内容的行以外的其他信息 |
| Ruijie# show any-command \|include regular-expression | 在 show 命令的输出内容中进行过滤，仅输出包含指定内容的行，其他信息将被过滤 |

（10）配置接口 IP 地址，并开启接口。

Ruijie（config）# interface loopback 0

Ruijie（config-if-Loopback 0）# ip address *1. 1. 1. 1 255. 255. 255. 255*

### 8. 了解在路由器上配置 Telnet 的命令

任何网络设备设施，应配置 Telnet 功能，否则配置故障时只能现场处理。

Ruijie（config）# enable secret *ruijie*   //配置 Telnet，必须配置进入特权模式的密码

Ruijie（config）# line vty 0 4

Ruijie（config-line）# password *ruijie*

Ruijie（config-line）# login

### 9. 了解在路由器上配置 SSH 的命令

SSH 提供与 Telnet 相同的远程登录功能,不同之处在于,通过 Telnet 远程登录时,连接通信过程中的信息是不加密的,而 SSH 提供了更加严格的身份验证方式,采取加密手段,这样用户 ID、密码等信息在传输过程中可以保证私密性。

Ruijie(config)♯enable service ssh-server　　//开启 SSH Server

Ruijie(config)♯crypto key generate {rsa| dsa}

//生成密钥,需要注意的是,在删除密钥时需要用的命令是"crypto key zeroize"

Ruijie(config)♯ip ssh version {1 | 2}　　　　//配置 SSH 支持的版本

## 【任务实施】

# 1.3　路由器基本配置实训

### 1. 实训目标

(1)掌握使用 Console 口、Telnet 和 SSH 方式登录设备的配置和验证方法;

(2)掌握基本系统操作命令的使用。

### 2. 实训环境

路由器基本配置拓扑图如图 1-16 所示。

**图 1-16　路由器基本配置拓扑图**

### 3. 实训要求

通过 Console 线缆将 PC 1 与路由器 R1 进行连接,并通过 PC 1 对路由器进行一系列基本配置。

### 4. 实训步骤

(1)通过 Console 口登录。

①根据图 1-16 的实训环境进行设备连接,用 Console 线缆将路由器的 Console 口与计算机的串口相连,线缆的 RJ-45 接口端连接路由器的 Console 口,RS-232 接口端连接计算机的串口。

②启动计算机,运行超级终端。在计算机的桌面上单击"开始"→"程序"→"附件"→"通信"→"超级终端",根据向导创建超级终端,进入 Console 配置用户界面模式。

(2)对路由器执行基本操作。

①更改路由器名称为 R1。

```
Ruijie>enable      //进入特权模式
Ruijie#configure terminal      //进入全局配置模式
Ruijie(config)#hostname R1
```

②更改系统时间为当前时间。

需在用户模式下修改系统时间，先回到用户模式，然后设置时间。

```
R1(config)#clock timezone beijing 8      //设置设备的时区为东8区（北京时间）
R1(config)#exit
R1#clock set 22:00:00 7 14 2021      //clock set 时:分:秒  月  日  年
```

③查看当前系统时间。

```
R1#show clock
22:00:06 UTC Wed，Jul 14，2021
```

④配置路由器 R1 连接 PC 1 的接口参数。

```
R1(config)#interface GigabitEthernet 0/0      //进入 Gi0/0 接口配置模式
R1(config-if-GigabitEthernet0/0)#ip address 192.168.1.1 255.255.255.0
                              //配置接口的 IP 地址、子网掩码
R1(config-if-GigabitEthernet 0/0)#exit      //退回全局配置模式
```

（3）配置 Telnet 方式登录设备。

①Telnet 登录时使用特权模式密码。

```
R1(config)#line vty 0 4    //进入 Telnet 密码配置模式，"0 4"表示开启远程虚拟线路0
                  ~4，共允许5个用户同时登录路由器
R1(config-line)#password ruijie//配置 Telnet 密码为 ruijie,可根据实际情况设置
R1(config-line)#login      //对 Telnet 登录设备启用密码认证
R1(config-line)#exit      //退回全局配置模式
R1(config)#enable password ruijie      //配置进入特权模式的密码为 ruijie
R1(config)#end      //退回特权模式
R1#write      //保存设备配置
```

②Telnet 登录时使用用户名及密码。

```
R1(config)#line vty 0 4    //进入 Telnet 密码配置模式，"0 4"表示开启远程虚拟线路0
                  ~4，共允许5个用户同时登录路由器
R1(config-line)#login local //对 Telnet 登录设备启用基于用户名和密码的认证
R1(config-line)#exit    //退回全局配置模式
R1(config)#username user1 password 1234    //配置用户名和密码
R1(config)#enable password ruijie      //配置进入特权模式的密码为 ruijie
```

```
R1(config)♯end        //退回特权模式
R1♯write        //保存设备配置
```

③确认 Telnet 配置是否正确。

a. PC 在开始→运行中输入 cmd 命令,单击"确定",在弹出的 cmd 命令行中,输入 telnet 192.168.1.1,如图 1-17 所示。

**图 1-17　PC 远程登录路由器示图(一)**

b. 按<Enter>键,cmd 命令行中显示输入用户名和密码,密码输入时隐藏不显示。输入正确的用户名和密码后按<Enter>键,进入设备的用户模式,出现"Ruijie>"提示符,如图 1-18 所示。

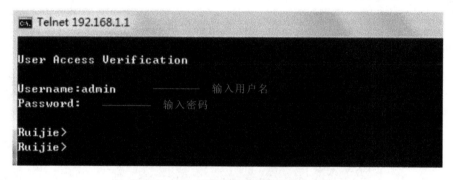

**图 1-18　PC 远程登录路由器示图(二)**

c. 输入 enable 命令后,提示输入进入特权模式的密码,输入正确的密码后按 <Enter>键,进入特权模式,出现"Ruijie♯"提示符,如图 1-19 所示。

**图 1-19　PC 远程登录路由器示图(三)**

(4)配置 SSH 方式登录设备。

①开启路由器的 SSH 服务功能。

```
R1♯configure terminal        //进入全局配置模式
R1(config)♯enable service ssh-server        //开启 SSH 服务
```

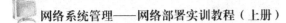

②生成密钥。

```
R1(config)♯crypto key generate dsa        //加密方式有两种:DSA 和 RSA,可以随意选
                                                择
    Choose the size of the key modulus in the range of 360 to 2048 for your Signature
Keys. Choosing a key modulus greater than 512 may take a few minutes.
    How many bits in the modulus [512]:        //按<Enter>键
    % Generating 512 bit DSA keys ...[ok]
```

③配置路由器的 IP 地址。

```
R1(config)♯interface GigabitEthernet 0/0        //进入 Gi0/0 接口配置模式
R1(config-if-GigabitEthernet 0/0)♯ip address 192.168.1.1 255.255.255.0
                                        //配置接口的 IP 地址、子网掩码
R1(config-if-GigabitEthernet 0/0)♯exit        //退回全局配置模式
```

④SSH 登录使用指定的用户名及密码验证。

```
R1(config)♯line vty 0 4        //进入 SSH 密码配置模式,"0 4"表示开启远程虚拟线路
                                0~4,共允许 5 个用户同时登录路由器
R1(config-line)♯login local   //对 SSH 登录设备启用基于用户名和密码的认证
R1(config-line)♯exit        //退回全局配置模式
R1(config)♯username admin password ruijie        //配置用户名和密码
R1(config)♯enable password ruijie        //配置进入特权模式的密码为 ruijie
R1(config)♯end        //退回特权模式
R1♯write        //保存设备配置
```

⑤确认 SSH 配置是否正确。

a. 打开 SecureCRT 软件(说明:SSH 登录交换机需要用支持 SSH 客户端的软件,Windows 的 CMD 模式不支持 SSH,这里使用 SecureCRT 软件作为 SSH 客户端),选择图 1-20 圈出来的图标。

图 1-20　选择"快速连接"图标

b. 协议选择"SSH2"，主机名输入 R1 的接口 IP 地址（图 1-21）。

**图 1-21　选择协议和主机名 IP 地址**

c. 单击"连接"，在弹出的窗口中选择"接受并保存"（图 1-22）。

**图 1-22　新建主机密钥**

d. 在输入 SSH 用户名界面中，输入用户名"admin"（图 1-23）。

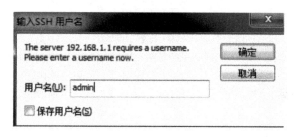

**图 1-23　输入用户名**

e. 在输入用户名和密码界面，输入远程登录密码（图 1-24）。

f. 确认后进入用户模式，出现"R1＞"提示符。

g. 输入 enable 命令后，提示输入进入特权模式的密码，输入正确的密码后按＜Enter＞键，进入特权模式。

图 1-24　输入远程登录密码

**【任务小结】**

路由器是网络互联的核心设备，其两大主要功能是路径选择和数据包交换。本任务详细介绍了路由器的功能、路由器的组件、登录路由器的不同方法和基本命令操作。锐捷路由器支持 Console 口本地配置，AUX 口本地配置、Telnet 或 SSH 本地或者远程配置；提供命令模式，包括用户模式、特权模式、全局配置模式等。

命令列表如表 1-8 所示。

表 1-8　　　　　　　　　　　　　　　命令列表

| 操作 | 命令 |
|---|---|
| 进入特权模式 | enable |
| 进入全局配置模式 | configure terminal |
| 更改设备名 | hostname |
| 退出 | exit |
| 显示当前配置 | show running-config |
| 显示启动配置 | show startup-config |
| 配置本地用户 | username |
| 保存配置 | write |

**【任务拓展】**

**1. 填空题**

（1）如果需要在路由器上配置以太网接口的 IP 地址，应该在＿＿＿＿＿＿＿＿模式下配置。

（2）SSH 默认使用 TCP 端口号＿＿＿＿＿＿＿＿。

（3）通过控制台（Console）端口配置刚出厂、未经配置的路由器，终端的串口波特率应设置为＿＿＿＿＿＿＿＿。

（4）在查看配置的时候，如果配置命令较多，一屏显示不完，则在显示完一屏后，可以按下＿＿＿＿＿＿＿＿显示下一页。

（5）想要修改设备名称，应该使用＿＿＿＿＿＿＿＿命令。

(6)在命令行里,用户想要从当前模式返回上一级模式,应该使用_____。

(7)如果要使当前配置在系统重启后继续生效,在重启设备前应使用_____命令将当前配置保存到配置文件中。

(8)在路由器上,键入命令的某个关键字的前几个字母,按下_____,可以补全命令。

**2. 选择题(选择一项或多项)**

(1)在网络层上实现网络互联的设备是( )。

A. 路由器　　　　B. 交换机　　　　C. 集线器　　　　D. 中继器

(2)下列关于路由器特点的描述,正确的是( )。

A. 是网络层设备　　　　　　　　B. 根据链路层信息进行路由转发

C. 提供丰富的接口类型　　　　　D. 可以支持多种路由协议

(3)如果想对路由器升级却没有网线,可以用配置线缆,通过超级终端使用( )协议进行升级。

A. TFTP　　　　B. Xmodem　　　　C. Ymodem　　　　D. Zmodem

(4)在路由器上,一旦系统时间不准确了,可使用( )命令调整系统时间。

A. time　　　　B. clock　　　　C. clock datetime　　D. clock set

(5)在路由器上,使用( )命令查看设备当前运行版本。

A. show running　　　　　　　B. show software

C. show version　　　　　　　D. show running-config

(6)在路由器上,使用不带参数的 delete 命令删除文件时,被删除的文件将被保存在( )中。

A. RAM　　　　B. ROM　　　　C. Memory　　　　D. Recycle-bin

(7)在路由器上,如果要彻底删除回收站中的某个废弃文件,可以执行( )命令。

A. clear flash　　B. delete flash　　C. clear all　　　D. reset trash-bin

**3. 综合题**

如图 1-25 所示,两台路由器连接三个网段。

(1)请对两台路由器修改设备名称,名称分别为 R1 和 R2,为各个接口分配 IP 地址。

(2)对 R1 配置启动 Telnet 方式登录,使用进入特权模式的密码 ruijie 登录,同时允许 10 个用户登录。

(3)对 R2 配置启动 SSH 方式登录,登录用户名为 stu,密码为 111,使得系统支持 5 个 VTY 用户同时访问,使用用户名和密码的形式进行验证;对两台路由器分别保存配置;两台 PC 配置 IP 及相关参数。验证:PC 1 以 Telnet 方式登录 R1,PC 2 以 SSH 方式登录 R2。

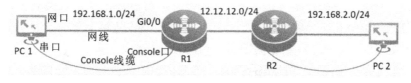

**图 1-25　路由器基本配置实训图**

# 任务 2  用静态路由实现网络互联

## 【知识目标】

❖ 了解静态路由的基本概念。

❖ 掌握静态路由的配置命令和参数。

❖ 掌握路由信息表中静态路由的相关参数。

## 【能力目标】

❖ 能够使用静态路由协议完成网络连通。

❖ 能够使用测试命令验证网络连通。

## 【素质目标】

❖ 培养热爱科学、实事求是的学风,培养创新意识。

❖ 规范网络行为,做文明网络人。

## 【任务描述】

某公司由开发部、测试部、人事部和财务部四个部门组成,每个部门属于一个子网,现准备用三台路由器连接这几个部门,使得四个部门之间能够互相通信。四个部门的网络划分后尽量保持不变,网络工程师需选择合适的路由协议完成网络连通。网络工程师熟知局域网内的各种数据和信息,出于岗位需要,应保护内部数据,防止泄露,必要时通过适当配置防止嗅探软件的攻击。遵纪守法,不践踏道德底线,善用所学之长,成为自觉维护网络安全、普及防护技能的文明使者。

## 【知识储备】

## 2.1  认识路由表

路由器根据路由表进行路由选择工作,每台路由器中都保存着一张路由表,路由表中每个条目指明数据包从本路由器出发到达某个网段应该从哪个接口发送出去,下一步应该被转发到哪里去。图 2-1 所示为静态路由配置拓扑图。

图 2-1 中共有四个网段,所以每台路由器的路由表中都应有四条路由条目,根据数据包携带的目标网络地址找到路由表里相应的表项,把数据转发到相应的路由器端口。其中路由器 R1 的路由表如表 2-1 所示。

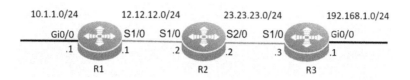

图 2-1　静态路由配置拓扑图

表 2-1　　　　　　　　　　　　路由器 R1 的路由表

| 目标网络/网络掩码 | 出接口 | 下一跳地址 |
| --- | --- | --- |
| 10.1.1.0/24 | Gi0/0 | 10.1.1.1 |
| 12.12.12.0/24 | S1/0 | 12.12.12.1 |
| 23.23.23.0/24 | S1/0 | 12.12.12.2 |
| 192.168.1.0/24 | S1/0 | 12.12.12.2 |

目标网络:从本路由器出发可以到达的网络地址。路由器到达一目的地址可能会有多条路径,但在路由表中只会存在到达这一地址的最佳路径。

出接口:指明 IP 数据包将从该路由器的哪个接口转发。

下一跳地址:能够到达目标网络的下一台路由器的地址。

除了以上三个要素外,路由表中还包含路由度量值、路由管理距离等要素。

路由度量值:IP 数据包到达目标网络需要花费的代价。其主要作用是当网络中存在到达目标网络的多条路径时,路由器可以依据度量值选择一条最优的路径发送数据包,从而保证 IP 数据包能够更快、更好地到达目的地。不同的路由协议定义度量值的方法不同,通常会考虑以下因素。

(1)跳数:数据包到达目标网络所经过的路由器个数。

(2)带宽:链路的数据承载能力。

(3)延迟:数据包从源网络到达目标网络需要的时间。

(4)负载:链路上的数据量的大小。

(5)可靠性:链路上数据的差错率。

在常用的路由协议中,RIP(routing information protocol,路由信息协议)使用跳数作为度量值,跳数越小,度量值就越小;而 OSPF(open shortest path first,开放式最短路径优先)使用带宽和延迟来计算度量值,链路带宽越大,度量值越小。度量值通常只对动态的路由协议有意义,静态路由协议的度量值统一为 0。

路由管理距离(AD):代表路由协议的可信度。在实际使用中,一台路由器可能同时运行多种路由协议。在选择路由时,不同路由协议所考虑的因素不同,所以计算出的路径也可能不同,路由器必须选择最可信赖的路径写入路由表。不同路由协议的可信度,用路由管理距离加以表示。除了直连路由外,各动态路由协议的优先级都可根据用户需求手工进行配置。并且,每条静态路由的优先级都可以不同。表 2-2 是常见路由协议及其管理距离。

表 2-2 　　　　　　　　　　常用路由协议及其管理距离

| 路由协议或种类 | 路由管理距离 |
| --- | --- |
| 直连接口 | 0 |
| 静态路由 | 1 |
| OSPF | 110 |
| IS-IS | 115 |
| RIP | 120 |
| 外部 BGP | 20 |
| 内部 BGP | 200 |
| 不可达路由 | 255 |

路由表的建立途径：

(1)直连路由：路由器接口直接相连的网段的路由。不需要任何路由配置,只需在路由器接口上正确配置 IP 地址,路由器将自动添加直连路由。

(2)静态路由：由管理员手动配置的路由。适用于拓扑结构简单且不易变化的小型网络。

(3)动态路由：由路由协议动态建立的路由。适用于规模较大和拓扑结构易变的网络。

## 2.2 　认识静态路由

静态路由由网络管理员在路由器中采用手动方法配置而成,当网络拓扑发生变化时,管理员就需要手工修改路由表中的相关路由信息,所以静态路由不适用于拓扑结构动态变化的网络环境,一般适用于规模不大、路由表也相对简单的网络环境。

静态路由信息在默认情况下是私有的,不会传递给其他的路由器。当然,管理员也可以通过对路由器进行设置使之成为共享的。

**1.静态路由的优点**

(1)网络的安全性高。动态路由需要路由器之间频繁地交换各自的路由表,对路由表进行分析会暴露网络的拓扑结构和网络地址等信息,而静态路由则不会。

(2)不占用网络带宽。静态路由不会产生更新流量。

**2.静态路由的缺点**

(1)使用的网络规模受限,只适用于小型、简单的网络拓扑结构,在大型、复杂的网络环境下,管理员难以全面地了解整个网络的拓扑结构。

(2)当网络的拓扑结构和链路状态发生变化时,管理员就需要大范围地调整路由器中的静态路由信息,这一工作的难度和复杂程度非常高。

(3)当网络发生故障时,不能重选路由,很可能使路由失败。

在对某台路由器配置静态路由之前,要先判断整个网络中的子网个数,并分清哪些是此路由器的直连网络,哪些是非直连网络。对于直连网络,路由器会自动添加路由条目到路由表中,所以不需要配置静态路由。只需要对所有非直连网络配置静态路由。

### 3.静态路由配置命令

静态路由是在全局配置模式下进行的,完整配置命令如下:

ip route 目标网络 {掩码} {网关地址|接口} [距离度量值]

示例:[Router]ip route 192.168.1.0 255.255.255.0 12.12.12.2

　　　[Router]ip route 192.168.1.0 24 s1/0

提示:其中,网关地址为到达目标网络的下一跳地址,接口为到达目标网络的本地出接口。命令结束处可以选择加上距离度量值,指定静态路由的优先级,数值范围为1~255,默认值为0。

# 2.3　认识默认路由

默认路由是一种特殊的路由,可以通过静态路由配置,某些动态路由协议也可以生成默认路由,如 OSPF。

默认路由是路由器在路由表中没有找到要到达目标网络的匹配条目时,最后会采用的路由。在路由表中,默认路由用 0.0.0.0 作为目标网络地址,用 0.0.0.0 作为子网掩码。每个 IP 地址与 0.0.0.0 进行二进制"与"操作后都为 0,与目的网络地址相同,所以用 0.0.0.0/0 作为目标网络的路由可以匹配所有的网络。

默认路由一般在 stub 网络(存根网络)中使用,stub 网络是指只有一条出口路径的网络。如图 2-2 所示,路由器 R1 左边连接的是 stub 网络,stub 网络中的流量都通过 R1到达 Internet,R1 为边缘路由器。在 R1 上即可采用默认路由的方法实现网络连通,简化路由条目,减少路由器的开销。

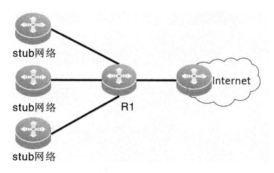

**图 2-2　stub 网络**

默认路由的配置命令如下:

ip route 0.0.0.0 0.0.0.0 {网关地址|接口}

示例:Router(config)♯ip route 0.0.0.0 0.0.0.0 12.12.12.2

　　　Router(config)♯ip route 0.0.0.0 0.0.0.0 s1/0

# 2.4 用静态路由实现负载均衡和路由备份

负载均衡是指在网络的多个出口分发数据流量到目的地，它能有效扩展网络设备或者服务器的带宽，增加吞吐量，提高网络的灵活性和可用性。路由备份是指在网络中为主链路创建一条备份路由，当主链路发生故障时，备份路由将发挥作用。由表 2-2 可知，可以通过配置多条静态路由，修改静态路由的管理距离，来实现主链路的备份，从而灵活地管理路由。

图 2-3 所示的网络拓扑是在图 2-1 的基础上修改而来的，在 R1 和 R2 之间添加了一条广域网链路，若要实现负载均衡，则可配置两条默认路由，指向两个不同的下一跳地址，均使用默认优先级。配置如下：

Router(config)♯ip route 0.0.0.0 0.0.0.0 12.12.12.2

Router(config)♯ip route 0.0.0.0 0.0.0.0 21.21.21.2

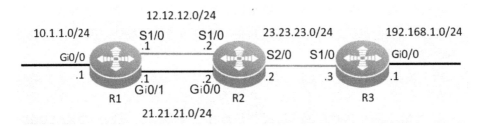

**图 2-3　负载均衡网络拓扑图**

配置完成后，从 R1 到达 R2 的流量将从两条链路上轮流分发，从而增加了网络间带宽的利用率。

图 2-4 所示的网络拓扑也是在图 2-1 的基础上修改而来的，在 R1 和 R2 之间添加了一条以太网链路。以太网的传输速率相对较高，现需对路由器进行配置，实现当以太网连接正常时，数据流量从该链路通过，而当以太网发生故障断开时，数据流量才从广域网链路通过。配置如下：

Router(config)♯ip route 0.0.0.0 0.0.0.0 12.12.12.2 10

Router(config)♯ip route 0.0.0.0 0.0.0.0 21.21.21.2

即将广域网链路的距离度量值修改为 10，低于以太网链路的默认距离度量值 0，数据流量被优先转发到以太网链路。如果以太网链路发生故障，则启用广域网路由。

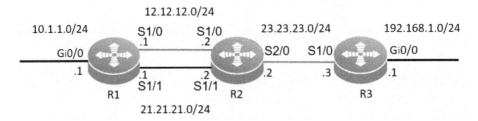

**图 2-4　路由备份网络拓扑图**

## 【任务实施】

# 2.5　静态路由配置实训

### 1. 实训目标

(1)掌握路由器基本参数配置方法。

(2)掌握静态路由配置方法。

(3)掌握路由表查看及测试验证方法。

### 2. 实训环境

静态路由配置拓扑图如图 2-1 所示。

### 3. 实训要求

按照图 2-1 建立实训环境,用静态路由实现全网连通,并用适当的命令检查网络连通情况。

### 4. 实训步骤

(1)分别配置三台路由器的设备名称和接口 IP 地址,保证直连链路的连通。

```
Router♯configure terminal
Enter configuration commands, one per line. End with CNTL/Z.
Router(config)♯hostname R1
R1(config)♯interface GigabitEthernet0/0
R1(config-if)♯ip address 10.1.1.1 255.255.255.0
R1(config-if)♯no shutdown
R1(config-if)♯exit
R1(config)♯interface Serial1/0
R1(config-if)♯ ip address 12.12.12.1 255.255.255.0
R1(config-if)♯no shutdown
R1(config-if)♯exit

R2(config)♯interface Serial1/0
R2(config-if)♯ip address 12.12.12.2 255.255.255.0
R2(config-if)♯no shutdown
R2(config-if)♯exit
R2(config)♯interface Serial2/0
R2(config-if)♯ip address 23.23.23.2 255.255.255.0
R2(config-if)♯no shutdown
R2(config-if)♯exit
```

```
R3(config)♯interface GigabitEthernet0/0
R3(config-if)♯ip address 192.168.1.1 255.255.255.0
R3(config-if)♯no shutdown
R3(config-if)♯exit
R3(config)♯interface Serial1/0
R3(config-if)♯ip address 23.23.23.3 255.255.255.0
R3(config-if)♯no shutdown
R3(config-if)♯exit
```

（2）在 R1 上配置静态路由。

```
R1(config)♯ip route 23.23.23.0 255.255.255.0 12.12.12.2
R1(config)♯ip route 192.168.1.0 255.255.255.0 12.12.12.2
```

（3）在 R2 上配置静态路由。

```
R2(config)♯ip route 10.1.1.0 255.255.255.0 12.12.12.1
R2(config)♯ip route 192.168.1.0 255.255.255.0 23.23.23.3
```

（4）在 R3 上配置静态路由。

```
R3(config)♯ip route 12.12.12.0 255.255.255.0 23.23.23.2
R3(config)♯ip route 10.1.1.0 255.255.255.0 23.23.23.2
```

### 5. 实训调试

（1）查看路由表。

```
R1♯show ip route

Codes: L - local, C - connected, S - static, R - RIP, M - mobile, B - BGP
       D - EIGRP, EX - EIGRP external, O - OSPF, IA - OSPF inter area
       N1 - OSPF NSSA external type 1, N2 - OSPF NSSA external type 2
       E1 - OSPF external type 1, E2 - OSPF external type 2
       i - IS-IS, su - IS-IS summary, L1 - IS-IS level-1, L2 - IS-IS level-2
       ia - IS-IS inter area, * - candidate default, U - per-user static route
       o - ODR, P - periodic downloaded static route, H - NHRP, l - LISP
       a - application route
       + - replicated route, % - next hop override


Gateway of last resort is not set
```

```
            10.0.0.0/8 is variably subnetted, 2 subnets, 2 masks
C           10.1.1.0/24 is directly connected, GigabitEthernet0/0
L           10.1.1.1/32 is directly connected, GigabitEthernet0/0
            12.0.0.0/8 is variably subnetted, 2 subnets, 2 masks
C           12.12.12.0/24 is directly connected, Serial1/0
L           12.12.12.1/32 is directly connected, Serial1/0
            23.0.0.0/24 is subnetted, 1 subnets
S           23.23.23.0 [1/0] via 12.12.12.2
S           192.168.1.0/24 [1/0] via 12.12.12.2
```

可以看出，R1 路由器通过静态路由学习到两个非直连网络的路由条目。

（2）使用 Ping 命令检查连通性。

```
R1#ping 192.168.1.1
    Type escape sequence to abort.
    Sending 5, 100-byte ICMP Echos to 192.168.1.1, timeout is 2 seconds:
    !!!!!
    Success rate is 100 percent (5/5), round-trip min/avg/max = 15/17/18 ms

R1#ping 10.1.1.1
    Type escape sequence to abort.
    Sending 5, 100-byte ICMP Echos to 10.1.1.1, timeout is 2 seconds:
    !!!!!
    Success rate is 100 percent (5/5), round-trip min/avg/max = 18/19/23 ms
```

结果显示，R1 收到了 ICMP 的 Echo Reply 报文，R1 可以 Ping 通 R3，反之亦然。

这里，路由器默认发送 5 个 ICMP 请求报文，大小是 100bytes。可以使用参数来修改发送报文的个数及大小。查看 Ping 命令携带的参数。

```
R1#ping 192.168.1.1 ?
    data        specify data pattern
    df-bit      enable do not fragment bit in IP header
    repeat      specify repeat count
    size        specify datagram size
    source      specify source address or name
    timeout     specify timeout interval
    tos         specify type of service value
    validate    validate reply data
    <cr>
```

可以使用参数 size 设置发送报文的大小为 128bytes。

```
R1♯ping 192.168.1.1 size 128
Type escape sequence to abort.
Sending 5，128-byte ICMP Echos to 192.168.1.1，timeout is 2 seconds：
!!!!!
Success rate is 100 percent（5/5），round-trip min/avg/max ＝ 18/18/19 ms
```

使用参数 repeat 设置发送报文的个数。

```
R1♯ping 192.168.1.1 repeat 3
Type escape sequence to abort.
Sending 3，100-byte ICMP Echos to 192.168.1.1，timeout is 2 seconds：
!!!
Success rate is 100 percent（3/3），round-trip min/avg/max ＝ 18/18/19 ms
```

使用参数 source 设置发送报文的源地址，源地址必须是路由器的本地接口地址。

```
R1♯ping 192.168.1.1 source 10.1.1.1
Type escape sequence to abort.
Sending 5，100-byte ICMP Echos to 192.168.1.1，timeout is 2 seconds：
Packet sent with a source address of 10.1.1.1
!!!!!
Success rate is 100 percent（5/5），round-trip min/avg/max ＝ 17/18/19 ms
```

# 2.6 默认路由配置实训

### 1. 实训目标

(1)了解默认路由的使用场合。

(2)掌握默认路由配置方法。

### 2. 实训环境

实训拓扑图如图 2-1 所示。

### 3. 实训要求

按照图 2-1 建立实训环境，用默认路由实现全网连通，并用适当的命令检查网络连通情况。

### 4. 实训步骤

(1)基本参数配置参照"1.3 路由器基本配置实训"。

(2)在 R1 上配置默认路由。

```
R1(config)♯ip route 0.0.0.0 0.0.0.0 12.12.12.2
```

（3）在 R2 上配置静态路由。

```
R2(config)♯ip route 10.1.1.0 255.255.255.0 12.12.12.1
R2(config)♯ip route 192.168.1.0 255.255.255.0 23.23.23.3
```

此处，在 R2 上使用默认路由并不会简化路由条目，所以使用原静态路由配置。

（4）在 R3 上配置默认路由。

```
R3(config)♯ip route 0.0.0.0 0.0.0.0 23.23.23.2
```

### 5. 实训调试

（1）查看路由表。

```
R1♯show ip route

Codes：L - local, C - connected, S - static, R - RIP, M - mobile, B - BGP
       D - EIGRP, EX - EIGRP external, O - OSPF, IA - OSPF inter area
       N1 - OSPF NSSA external type 1, N2 - OSPF NSSA external type 2
       E1 - OSPF external type 1, E2 - OSPF external type 2
       i - IS-IS, su - IS-IS summary, L1 - IS-IS level-1, L2 - IS-IS level-2
       ia - IS-IS inter area, * - candidate default, U - per-user static route
       o - ODR, P - periodic downloaded static route, H - NHRP, l - LISP
       a - application route
       + - replicated route, % - next hop override

Gateway of last resort is 12.12.12.2 to network 0.0.0.0

S*      0.0.0.0/0 [1/0] via 12.12.12.2
        10.0.0.0/8 is variably subnetted, 2 subnets, 2 masks
C          10.1.1.0/24 is directly connected, GigabitEthernet0/0
L          10.1.1.1/32 is directly connected, GigabitEthernet0/0
        12.0.0.0/8 is variably subnetted, 2 subnets, 2 masks
C          12.12.12.0/24 is directly connected, Serial1/0
L          12.12.12.1/32 is directly connected, Serial1/0
```

```
R3♯show ip route

Codes：L - local, C - connected, S - static, R - RIP, M - mobile, B - BGP
        D - EIGRP, EX - EIGRP external, O - OSPF, IA - OSPF inter area
        N1 - OSPF NSSA external type 1, N2 - OSPF NSSA external type 2
        E1 - OSPF external type 1, E2 - OSPF external type 2
        i - IS-IS, su - IS-IS summary, L1 - IS-IS level-1, L2 - IS-IS level-2
        ia - IS-IS inter area, ＊ - candidate default, U - per-user static route
        o - ODR, P - periodic downloaded static route, H - NHRP, l - LISP
        a - application route
        ＋ - replicated route, ％ - next hop override

Gateway of last resort is 23.23.23.2 to network 0.0.0.0

S＊     0.0.0.0/0 [1/0] via 23.23.23.2
        23.0.0.0/8 is variably subnetted, 2 subnets, 2 masks
C          23.23.23.0/24 is directly connected, Serial1/0
L          23.23.23.3/32 is directly connected, Serial1/0
        192.168.1.0/24 is variably subnetted, 2 subnets, 2 masks
C          192.168.1.0/24 is directly connected, GigabitEthernet 0/0
L          192.168.1.1/32 is directly connected, GigabitEthernet 0/0
```

可以看到,在 R1 的路由表中添加了一条默认路由,下一跳地址为 12.12.12.2,出接口为 S1/0;在 R3 的路由表中同样添加了一条默认路由,下一跳地址为 23.23.23.2,出接口为 S1/0。

(2)使用 traceroute 命令检查连通性。

```
R1♯traceroute 192.168.1.1
Type escape sequence to abort.
Tracing the route to 192.168.1.1
VRF info：(vrf in name/id, vrf out name/id)
    1 12.12.12.2 9 msec 9 msec 9 msec
    2 23.23.23.3 16 msec 18 msec 16 msec
```

结果显示第一跳为 R2,第二跳为 R3。

查看路由器 traceroute 命令携带的参数。

```
R1♯traceroute 192.168.1.1 ?
  numeric   display numeric address
  port        specify port number
  probe      specify number of probes per hop
  source      specify source address or name
  timeout   specify time out
  ttl          specify minimum and maximum ttl
  <cr>
```

（3）使用 debug 命令查看调试信息。

在 R3 上执行如下命令：

```
R3(config)♯logging on        //打开日志功能
R3(config)♯ logging monitor 7       //设置日志级别为 Debug
R3♯terminal monitor       //开启终端对系统信息的监视功能
R3♯debug ip icmp       //开启系统 ICMP 模块的调试功能
```

在 R1 上执行 Ping 命令，检查连通性：

```
R1♯ping 192.168.1.1
Type escape sequence to abort.
Sending 5, 100-byte ICMP Echos to 192.168.1.1, timeout is 2 seconds:
!!!!!
Success rate is 100 percent (5/5), round-trip min/avg/max = 18/18/20 ms
```

在 R3 上观察 debug 信息输出：

```
  R3♯
    *Jul 30 05:47:00.119: ICMP: echo reply sent, src 192.168.1.1, dst 12.12.12.
1, topology BASE, dscp 0 topoid 0
    *Jul 30 05:47:00.138: ICMP: echo reply sent, src 192.168.1.1, dst 12.12.12.
1, topology BASE, dscp 0 topoid 0
    *Jul 30 05:47:00.156: ICMP: echo reply sent, src 192.168.1.1, dst 12.12.12.
1, topology BASE, dscp 0 topoid 0
    *Jul 30 05:47:00.174: ICMP: echo reply sent, src 192.168.1.1, dst 12.12.12.
1, topology BASE, dscp 0 topoid 0
    *Jul 30 05:47:00.197: ICMP: echo reply sent, src 192.168.1.1, dst 12.12.12.
1, topology BASE, dscp 0 topoid 0
```

ICMP Input 条目代表 R3 收到 ICMP 报文，type＝8 为 Echo Request 报文，源地址为 12.12.12.1，目的地址为 192.168.1.1。

ICMP Output 条目代表 R3 发出的 ICMP 报文,type=0 为 Echo Reply 报文,源地址为 192.168.1.1,目的地址为 12.12.12.1。

调试结束后,关闭调试开关。

```
R1♯undebug all
All possible debugging has been turned off
```

# 2.7　用静态路由实现负载均衡配置实训

### 1. 实训目标

(1)了解负载均衡的工作原理。

(2)掌握用静态路由实现负载均衡的配置方法。

### 2. 实训环境

实训拓扑图如图 2-3 所示。

### 3. 实训要求

按照图 2-3 建立实训环境,用默认路由实现全网连通,并使得 R1 与 R2 间的两条链路可以分发数据流量,用适当的命令检查网络连通情况。

### 4. 实训步骤

(1)基本参数配置参照"1.3　路由器基本配置实训"。

(2)在 R1 上配置默认路由,并实现负载均衡。

```
R1(config)♯ip route 0.0.0.0 0.0.0.0 12.12.12.2
R1(config)♯ip route 0.0.0.0 0.0.0.0 21.21.21.2
```

(3)在 R2 上配置静态路由。

```
R2(config)♯ip route 10.1.1.0 255.255.255.0 12.12.12.1
R2(config)♯ip route 10.1.1.0 255.255.255.0 21.21.21.1
R2(config)♯ip route 192.168.1.0 255.255.255.0 23.23.23.3
```

(4)在 R3 上配置默认路由。

```
R3(config)♯ip route 0.0.0.0 0.0.0.0 23.23.23.2
```

### 5. 实训调试

查看路由表。

```
R1#show ip route
Codes: L - local, C - connected, S - static, R - RIP, M - mobile, B - BGP
       D - EIGRP, EX - EIGRP external, O - OSPF, IA - OSPF inter area
       N1 - OSPF NSSA external type 1, N2 - OSPF NSSA external type 2
       E1 - OSPF external type 1, E2 - OSPF external type 2
       i - IS-IS, su - IS-IS summary, L1 - IS-IS level-1, L2 - IS-IS level-2
       ia - IS-IS inter area, * - candidate default, U - per-user static route
       o - ODR, P - periodic downloaded static route, H - NHRP, l - LISP
       a - application route
       + - replicated route, % - next hop override

Gateway of last resort is 21.21.21.2 to network 0.0.0.0

S*      0.0.0.0/0 [1/0] via 21.21.21.2
                  [1/0] via 12.12.12.2
        10.0.0.0/8 is variably subnetted, 2 subnets, 2 masks
C          10.1.1.0/24 is directly connected, GigabitEthernet0/0
L          10.1.1.1/32 is directly connected, GigabitEthernet0/0
        12.0.0.0/8 is variably subnetted, 2 subnets, 2 masks
C          12.12.12.0/24 is directly connected, Serial1/0
L          12.12.12.1/32 is directly connected, Serial1/0
        21.0.0.0/8 is variably subnetted, 2 subnets, 2 masks
C          21.21.21.0/24 is directly connected, GigabitEthernet0/1
L          21.21.21.1/32 is directly connected, GigabitEthernet0/1
```

可以看到,R1 的路由表中有两条默认路由,下一跳地址分别是 12.12.12.2 和 21.21.21.2,从而实现了负载均衡。

```
R2#show ip route
Codes: L - local, C - connected, S - static, R - RIP, M - mobile, B - BGP
       D - EIGRP, EX - EIGRP external, O - OSPF, IA - OSPF inter area
       N1 - OSPF NSSA external type 1, N2 - OSPF NSSA external type 2
       E1 - OSPF external type 1, E2 - OSPF external type 2
       i - IS-IS, su - IS-IS summary, L1 - IS-IS level-1, L2 - IS-IS level-2
       ia - IS-IS inter area, * - candidate default, U - per-user static route
       o - ODR, P - periodic downloaded static route, H - NHRP, l - LISP
       a - application route
       + - replicated route, % - next hop override
```

```
Gateway of last resort is not set

          10.0.0.0/24 is subnetted，1 subnets
S            10.1.1.0 [1/0] via 21.21.21.1
                     [1/0] via 12.12.12.1
          12.0.0.0/8 is variably subnetted，2 subnets，2 masks
C            12.12.12.0/24 is directly connected，Serial1/0
L            12.12.12.2/32 is directly connected，Serial1/0
          21.0.0.0/8 is variably subnetted，2 subnets，2 masks
C            21.21.21.0/24 is directly connected，GigabitEthernet 0/0
L            21.21.21.2/32 is directly connected，GigabitEthernet 0/0
          23.0.0.0/8 is variably subnetted，2 subnets，2 masks
C            23.23.23.0/24 is directly connected，Serial2/0
L            23.23.23.2/32 is directly connected，Serial2/0
S            192.168.1.0/24 [1/0] via 23.23.23.3
```

可以看到，R2 的路由表中同样有两条通往 R1 的静态路由，下一跳地址分别是 12.12.12.1和21.21.21.1，从而实现了负载均衡。

# 2.8 用静态路由实现路由备份配置实训

**1. 实训目标**

(1)了解路由备份的工作原理。

(2)掌握用静态路由实现路由备份的配置方法。

**2. 实训环境**

实训拓扑图如图 2-4 所示。

**3. 实训要求**

按照图 2-4 建立实训环境，用静态路由实现全网连通，并使得 R1 与 R2 间在正常情况下通过以太网链路传输数据流量，当以太网链路发生故障时，则启用广域网链路，用适当的命令检查网络连通情况。

**4. 实训步骤**

(1)基本参数配置参照"1.3 路由器基本配置实训"。

(2)在 R1 上配置默认路由，并实现路由备份。

```
R1(config)♯ip route 0.0.0.0 0.0.0.0 12.12.12.2 10
R1(config)♯ip route 0.0.0.0 0.0.0.0 21.21.21.2
```

（3）在 R2 上配置静态路由。

```
R2(config)♯ip route 10.1.1.0 255.255.255.0 12.12.12.1 10
R2(config)♯ip route 10.1.1.0 255.255.255.0 21.21.21.1
R2(config)♯ip route 192.168.1.0 255.255.255.0 23.23.23.3
```

（4）在 R3 上配置默认路由。

```
R3(config)♯ip route 0.0.0.0 0.0.0.0 23.23.23.2
```

### 5. 实训调试

（1）查看路由表。

```
R1♯show ip route
Codes：L - local，C - connected，S - static，R - RIP，M - mobile，B - BGP
       D - EIGRP，EX - EIGRP external，O - OSPF，IA - OSPF inter area
       N1 - OSPF NSSA external type 1，N2 - OSPF NSSA external type 2
       E1 - OSPF external type 1，E2 - OSPF external type 2
       i - IS-IS，su - IS-IS summary，L1 - IS-IS level-1，L2 - IS-IS level-2
       ia - IS-IS inter area，* - candidate default，U - per-user static route
       o - ODR，P - periodic downloaded static route，H - NHRP，l - LISP
       a - application route
       + - replicated route，% - next hop override

Gateway of last resort is 21.21.21.2 to network 0.0.0.0

S*      0.0.0.0/0 [1/0] via 21.21.21.2
        10.0.0.0/8 is variably subnetted, 2 subnets, 2 masks
C          10.1.1.0/24 is directly connected, GigabitEthernet0/0
L          10.1.1.1/32 is directly connected, GigabitEthernet0/0
        12.0.0.0/8 is variably subnetted, 2 subnets, 2 masks
C          12.12.12.0/24 is directly connected, Serial1/0
L          12.12.12.1/32 is directly connected, Serial1/0
        21.0.0.0/8 is variably subnetted, 2 subnets, 2 masks
C          21.21.21.0/24 is directly connected, GigabitEthernet0/1
L          21.21.21.1/32 is directly connected, GigabitEthernet0/1
```

可以看到，在正常情况下，R1 的路由表中只存在一条默认路由，路由距离度量值为 0，下一跳地址为 21.21.21.2，即通过以太网传输数据。

```
R2♯show ip route
Codes：L - local, C - connected, S - static, R - RIP, M - mobile, B - BGP
        D - EIGRP, EX - EIGRP external, O - OSPF, IA - OSPF inter area
        N1 - OSPF NSSA external type 1, N2 - OSPF NSSA external type 2
        E1 - OSPF external type 1, E2 - OSPF external type 2
        i - IS-IS, su - IS-IS summary, L1 - IS-IS level-1, L2 - IS-IS level-2
        ia - IS-IS inter area, * - candidate default, U - per-user static route
        o - ODR, P - periodic downloaded static route, H - NHRP, l - LISP
        a - application route
        + - replicated route, % - next hop override

Gateway of last resort is not set

      10.0.0.0/24 is subnetted, 1 subnets
S        10.1.1.0 [1/0] via 21.21.21.1
      12.0.0.0/8 is variably subnetted, 2 subnets, 2 masks
C        12.12.12.0/24 is directly connected, Serial1/0
L        12.12.12.2/32 is directly connected, Serial1/0
      21.0.0.0/8 is variably subnetted, 2 subnets, 2 masks
C        21.21.21.0/24 is directly connected, GigabitEthernet0/0
L        21.21.21.2/32 is directly connected, GigabitEthernet0/0
      23.0.0.0/8 is variably subnetted, 2 subnets, 2 masks
C        23.23.23.0/24 is directly connected, Serial2/0
L        23.23.23.2/32 is directly connected, Serial2/0
S        192.168.1.0/24 [1/0] via 23.23.23.3
```

同样，R2 通往 R1 方向也存在一条静态路由，路由距离度量值为 0，下一跳地址为 21.21.21.1。

（2）现假定以太网链路发生故障而断开，再次查看路由表，观察其变化。

在 R1 上关闭 Gi0/1 端口。

```
R1(config)♯interface GigabitEthernet0/1
R1(config-if)♯shutdown

    *Jul 31 13:32:09.057：%LINK-5-CHANGED：Interface GigabitEthernet0/1,
changed state to administratively down
    *Jul 31 13:32:10.066：%LINEPROTO-5-UPDOWN：Line protocol on Interface
GigabitEthernet0/1, changed state to down
```

查看 R1 的路由表。

```
R1♯show ip route
Codes：L - local，C - connected，S - static，R - RIP，M - mobile，B - BGP
       D - EIGRP，EX - EIGRP external，O - OSPF，IA - OSPF inter area
       N1 - OSPF NSSA external type 1，N2 - OSPF NSSA external type 2
       E1 - OSPF external type 1，E2 - OSPF external type 2
       i - IS-IS，su - IS-IS summary，L1 - IS-IS level-1，L2 - IS-IS level-2
       ia - IS-IS inter area，＊ - candidate default，U - per-user static route
       o - ODR，P - periodic downloaded static route，H - NHRP，l - LISP
       a - application route
       ＋ - replicated route，％ - next hop override

Gateway of last resort is 12.12.12.2 to network 0.0.0.0

S＊     0.0.0.0/0 [10/0] via 12.12.12.2
       10.0.0.0/8 is variably subnetted，2 subnets，2 masks
C          10.1.1.0/24 is directly connected，GigabitEthernet0/0
L          10.1.1.1/32 is directly connected，GigabitEthernet0/0
       12.0.0.0/8 is variably subnetted，2 subnets，2 masks
C          12.12.12.0/24 is directly connected，Serial1/0
L          12.12.12.1/32 is directly connected，Serial1/0
```

可以看到，R1 的路由表中只存在一条默认路由，下一跳地址为 12.12.12.2，路由距离度量值为 10。即以太网链路发生故障后，网络启用了广域网链路。

再次查看 R2 的路由表。

```
R2♯show ip route
Codes：L - local，C - connected，S - static，R - RIP，M - mobile，B - BGP
       D - EIGRP，EX - EIGRP external，O - OSPF，IA - OSPF inter area
       N1 - OSPF NSSA external type 1，N2 - OSPF NSSA external type 2
       E1 - OSPF external type 1，E2 - OSPF external type 2
       i - IS-IS，su - IS-IS summary，L1 - IS-IS level-1，L2 - IS-IS level-2
       ia - IS-IS inter area，＊ - candidate default，U - per-user static route
       o - ODR，P - periodic downloaded static route，H - NHRP，l - LISP
       a - application route
       ＋ - replicated route，％ - next hop override
```

```
Gateway of last resort is not set

      10.0.0.0/24 is subnetted，1 subnets
S        10.1.1.0 [10/0] via 12.12.12.1
      12.0.0.0/8 is variably subnetted，2 subnets，2 masks
C        12.12.12.0/24 is directly connected，Serial1/0
L        12.12.12.2/32 is directly connected，Serial1/0
      23.0.0.0/8 is variably subnetted，2 subnets，2 masks
C        23.23.23.0/24 is directly connected，Serial2/0
L        23.23.23.2/32 is directly connected，Serial2/0
S     192.168.1.0/24 [1/0] via 23.23.23.33
```

即 R2 通往 R1 方向仍只存在一条静态路由，路由距离度量值为 10，下一跳地址为 12.12.12.1。

### 【任务小结】

每台路由器中都保存着一张路由表，路由表由五个关键要素组成，即目标网络/网络掩码、出接口、下一跳地址、路由度量值和路由管理距离。路由分为直连路由、静态路由和动态路由。直连路由是路由器自动添加直连网段生成的，静态路由是由管理员手动添加路由器非直连网段的路由，动态路由是由路由协议动态建立的路由。静态路由的优点在于占用 CPU、RAM 资源少，控制性强，安全，比较适用于网络规模不大、路由表也相对简单的环境。默认路由是一种特殊的静态路由，是路由器在路由表中没有找到要到达目标网络的匹配条目时，最后会采用的路由，一般在存根网络中使用。通过对静态路由优先级进行配置，可以灵活地管理路由。在配置到达同一目标网络的多条路由时，指定相同的路由优先级，可实现负载均衡；指定不同的路由优先级，可实现路由备份。

静态路由配置命令如表 2-3 所示。

表 2-3　　　　　　　　　　　　　　静态路由配置命令

| 操作 | 命令 |
| --- | --- |
| 配置静态路由 | ip route 目标网络 {掩码} {网关地址\|接口} [距离度量值] |
| 查看路由表 | show ip route |
| 检测网络连通性 | Ping |
| 跟踪路由 | traceroute |
| 打开日志功能 | logging on |
| 设置日志级别为 Debug | logging monitor 7 |
| 开启终端对系统信息的监视功能 | terminal monitor |
| 打开系统指定模块调试开关 | debug |
| 关闭所有模块调试开关 | undebug all |

**【任务拓展】**

**1. 填空题**

(1)查看路由表的命令是_____。

(2)直连路由的管理距离为_____。

(3)要在路由器上配置一条静态路由。已知目的地址为192.168.1.0,掩码是20位,出接口为GigabitEthernet0/0,出接口IP地址为10.10.202.1,那么配置是_____。

(4)在路由器上依次配置了如下两条静态路由:

ip route 192.168.0.0　255.255.240.0　10.10.202.1 100

ip route 192.168.0.0　255.255.240.0　10.10.202.1

那么关于第二条路由,其管理距离为_____。

(5)_____网络中,采用默认路由最为简捷。

(6)客户要在路由器上配置两条去往同一目的地址的静态路由,实现互为备份的目的。那么,需要为两条路由配置不同的_____。

(7)假定路由器上有去往192.168.1.0/24网络的静态路由条目和默认路由条目,那么,当路由器收到去往这个目标网络的数据包时,将根据_____路由条目转发数据包。

**2. 选择题(选择一项或多项)**

(1)根据来源的不同,路由表中的路由通常可分为(　　　)。

A. 接口路由　　　B. 直连路由　　　C. 静态路由　　　D. 动态路由

(2)XYZ公司深圳分公司的路由器的Serial 0/0和Serial 0/1接口通过两条广域网线路分别连接两个不同的ISP,通过这两个ISP都可以访问北京总公司的网站202.102.100.2,在深圳分公司的路由器上配置了如下的静态路由:

ip route 202.102.100.2 24 Serial0/0 10

ip route 202.102.100.2 24 Serial0/1 100

关于这两条路由的描述正确的是(　　　)。

A. 两条路由的管理距离不一样,路由器会把管理距离近的第一条路由写入路由表

B. 两条路由的管理距离不一样,路由器会把管理距离近的第二条路由写入路由表

C. 两条路由的度量值是一样的

D. 两条路由的目的地址一样,可以实现主链路备份,其中以第一条路由为主

(3)XYZ公司深圳分公司的路由器RSR-1的Serial0/0接口通过广域网线路直接连接到ISP路由器RSR-2的Serial0/0接口,RSR-2的Serial0/0接口地址为100.126.12.1。XYZ公司通过这个ISP可以访问北京总公司的网站202.102.100.2。在RSR-1上没有运行路由协议,仅配置了如下一条静态路由:

ip route 202.102.100.2　255.255.255.0　100.126.12.1。

关于这条路由以及RSR-1路由表的描述正确的是(　　　)。

A. 如果100.126.12.1所在网段地址不可达,那么该路由不会被写入路由表

B. 只要该路由对应的出接口物理状态为up,该路由就会被写入路由表

C. 如果该路由对应的出接口断掉,那么该路由一定会被从路由表中删除

D. 这是一条管理距离为 0、度量值为 0 的静态路由

(4)客户的网络连接形如：

Host A----Gi0/0--RSR-1--S1/0----WAN----S1/0--RSR-2--Gi0/0----Host B

两台路由器都是出厂默认配置。客户分别给路由器的四个接口配置了正确的 IP 地址，两台主机 Host A、Host B 都正确配置了 IP 地址及网关，假设所有物理连接都正常，那么（　　）。

A. 每台路由器上各自至少需要配置 1 条静态路由才可以实现 Host A、Host B 的互通

B. 每台路由器上各自至少需要配置 2 条静态路由才可以实现 Host A、Host B 的互通

C. 路由器上不配置任何路由，Host A 可以 Ping 通 RSR-2 的接口 S1/0 的 IP 地址

D. 路由器上不配置任何路由，Host A 可以 Ping 通 RSR-1 的接口 S1/0 的 IP 地址

(5)客户的网络连接形如：

Host A----Gi0/0--RSR-1--S1/0-------　　　S1/0--RSR-2--Gi0/0----Host B

其中路由器 RSR-1 与路由器 RSR-2 通过专线实现互连，在 RSR-1 上配置了如下三条静态路由：

ip route 10.1.1.0　255.255.255.0　3.3.3.1

ip route 10.1.1.0　255.255.255.0　3.3.3.2

ip route 10.1.1.0　255.255.255.0　3.3.3.3

其中 10.1.1.0/24 是主机 Host B 所在的局域网段，以下描述正确的是（　　）。

A. 只有第三条路由会被写入 RSR-1 的路由表

B. 这三条路由都会被写入 RSR-1 的路由表，形成等值路由

C. 只有第一条路由会被写入 RSR-1 的路由表

D. 以上都不对

(6)客户的网络连接形如：

Host A----Gi0/0--RSR-1--S1/0-----WAN----S1/0--RSR-2--Gi0/0----Host B

两台 RSR 路由器通过广域网实现互连，目前物理连接已经正常。RSR-1 的接口 S1/0 地址为 3.3.3.1/30，RSR-2 的接口 S1/0 地址为 3.3.3.2/30，现在在 RSR-1 上配置了如下四条静态路由：

ip route 192.168.1.0　255.255.255.0　3.3.3.2

ip route 192.168.2.0　255.255.255.0　3.3.3.2

ip route 192.168.3.0　255.255.255.0　3.3.3.2

ip route 192.168.4.0　255.255.255.0　3.3.3.2

其中 192.168.0.0/22 子网是 RSR-2 的局域网用户网段。以下描述错误的是（　　）。

A. 这四条路由都会被写入 RSR-1 的路由表

B. 只有第四条路由会被写入 RSR-1 的路由表

C. 这四条路由可以被一条路由 ip route 192.168.1.0　255.255.252.0　3.3.3.2 代替

D. 只有第一条路由会被写入 RSR-1 的路由表

(7)客户的网络连接形如：

N1-----R-1-----R-2----R-3-----N2

在 R-1 上配置了静态路由:ip route 192.168.100.0 255.255.0.0 null0
那么,关于此路由的解释正确的是(　　)。

A. 在该路由器上,所有目的地址属于 192.168.100.0/16 的数据包都会被丢弃

B. 在某些情况下,该路由可以避免环路

C. 该静态路由永远存于路由表中

D. 如果匹配了这条静态路由,那么数据包会被丢弃且不向源地址返回任何信息

(8)客户的网络连接形如:

Host A------RSR-1------RSR-2--------RSR-3------Host B

已经在所有设备上完成了 IP 地址的配置。要实现 Host A 可以访问 Host B,那么关于路由的配置,以下说法正确的是(　　)。

A. 在 RSR-1 上至少需要配置 1 条静态路由

B. 在 RSR-2 上至少需要配置 1 条静态路由

C. 在 RSR-2 上至少需要配置 2 条静态路由

D. 在 RSR-3 上至少需要配置 1 条静态路由

(9)在 RSR 路由器上查看路由表,有如下显示:

C　　192.168.96.0/19 is directly connected,Serial6/0

　　　192.168.96.0/32 is subnetted,1 subnets

L　　192.168.96.1 is directly connected,Serial6/0

那么,关于目的地址为 192.168.96.0/19 的路由描述正确的是(　　)。

A. 这是一条直连路由,度量值为 0

B. 这是一条手工配置的静态路由,度量值为 0

C. 该路由器的下一跳地址即对端设备的 IP 地址为 192.168.120.153

D. 在该路由器上接口 S6/0 的 IP 地址为 192.168.120.153

### 3. 综合题

拓扑图如图 2-5 所示,按下列要求完成静态路由实训任务。

(1)配置所有设备的基本参数;

(2)对四台路由器分别配置静态路由;

(3)查看 R2 路由器的路由表;

(4)使用 Ping 命令检查 PC 1 和 PC 2 是否连通;

(5)在 R1 上使用 traceroute 命令检查与 PC 2 的连通性;

(6)删除 R1 和 R4 的静态路由条目,使用默认路由进行配置;

(7)查看 R1 的路由表;

(8)用 debug 命令查看调试信息;

(9)用适当的方法修改拓扑图,使 R1 与 R2 之间实现负载均衡和路由备份。

图 2-5　静态路由实训图

# 任务 3　用 RIP 协议实现网络互联

## 【知识目标】

❖ 了解动态路由协议的分类和距离矢量路由协议的工作原理。

❖ 掌握 RIP 协议的特征。

❖ 掌握 RIP 协议的配置及验证方法。

## 【能力目标】

❖ 能够使用 RIP 协议完成网络连通。

❖ 能够检查路由运行情况并维护路由正常运行。

## 【素质目标】

❖ 能运用信息手段自主获取新知识。

❖ 形成规则意识,加强纪律观念。

## 【任务描述】

某公司由开发部、测试部、人事部和财务部四个部门组成,每个部门属于一个子网,现准备用三台路由器连接这几个部门,使得四个部门之间能够互相通信。根据公司的发展规划,有可能还会增加技术支持部和销售部等,网络工程师需选择合适的路由协议完成连通。

## 【知识储备】

# 3.1　认识动态路由协议

静态路由由网络管理员手动配置路由表,稳定且安全性高,但灵活性不够,当网络拓扑发生变化时需要重新配置路由。而动态路由是根据动态路由协议自动生成的路由,能依据网络拓扑的变化,重新计算路由,这就使得路由的配置相对简单,但路由器的 CPU 和链路开销相对较大。

动态路由协议是一组规则,描述路由器如何在到达目标网络的多条路径中选择最佳路径的方法,以及路由器之间如何发送并接收路由更新,以适应网络结构的变化。规则是人或者事物以维护共同利益为目标而形成的基本约定。路由协议遵循规则才能学习并计算出最优路由,为使社会更加和谐统一,人类行为同样应受到规则制约;为提升企业运营效率,需要建立制度以约束员工行为;为树立良好的学风校风,学生行为应受到规范制约。动态路由协议在遵循路由协议规则的前提下充分发挥主观能动性,主动发现路由、学习路由并选取最优路径放入路由表。大家在学习过程中也应在遵循学习规律的前提下,充分发挥主观能动性,多思考,查阅资料,提高自学能力。

根据路由协议的使用范围,动态路由协议分为内部网关协议(interior gateway protocol,IGP)和外部网关协议(exterior gateway protocol,EGP)。IGP 运行在同一个自治系统(Autonomous System,AS)中,用于同一个 AS 内部的路由器之间交换路由信息。EGP 运行在不同的 AS 之间,用于不同 AS 之间交换路由信息。这里的 AS 是指一个具有统一管理机构、统一路由策略的网络。

根据路由协议在路由更新过程中是否携带子网掩码,动态路由协议分为有类路由协议和无类路由协议。有类路由协议在路由更新过程中不携带子网掩码,不能从邻居路由器学习到子网信息,所有关于子网的路由在更新时都被变成子网的主类网(A、B、C 类 IP 地址)。有类路由协议一般应用于相同子网和相同掩码的网络,包括 RIPv1 等。无类路由协议在路由更新过程中携带子网掩码,能够从邻居路由器学习到子网信息,所有关于子网的路由都会以子网的形式直接进入路由表。无类路由协议支持可变长子网掩码(variable length subnet mask,VLSM),同一个子网中的路由器接口可以有不同的子网掩码,包括 RIPv2、OSPF 等。

根据路由算法,动态路由协议分为距离矢量(distance-vector,D-V)路由协议和链路状态(link-state)路由协议。距离矢量路由协议中路由器只与邻居路由器交换路由更新信息,而邻居路由器向与它们自己相邻的路由器学习路由信息,因此,路由器不知道整个网络的拓扑结构,它们只知道与自己直接相连的网络情况,并根据从邻居路由器得到的路由信息更新自己的路由表;链路状态路由协议也称最短路径优先协议,每台路由器保存整个网络的全部路由器信息以及它们之间建立连接方式的信息。

## 3.2    了解距离矢量路由协议

距离矢量路由协议是因为路由是以距离和方向的方式被通告出去而得名的,其中距离是根据度量定义的,方向是根据下一跳路由器定义的。它基于 Bellman-Ford 算法(该算法是以发明者的名字命名的),其工作方式是路由器通过广播定期地向所有邻居路由器发送自己的路由表,路由器在接收到的邻居路由器信息的基础上更新自己的路由表。这种路由学习、传递的过程称为路由更新。路由更新会在每台路由器上进行,最后全网所有的路由器都知道了到达全部网段的路径信息,并在路由表中生成相应的表项,至此,路由收敛完成。

运行距离矢量路由协议的路由器是通过向邻居路由器广播路由表的方式来传递路由信息的,路由表里只包含到达某个目标网络的最佳路由,没有全部的拓扑信息,因此,路由器不知道整个网络的拓扑结构。一旦网络出现故障(路由器损坏、链路中断等),路由器通过原来的路由条目不能到达目标网络,便需要再次向邻居路由器学习,但在此过程中路由器没有辨别路由信息正确与否的能力,容易学习到错误的信息,可能产生环路。

鉴于此，距离矢量路由协议会采取多种方法应对错误路由信息的传播带来的影响。这些方法包括定义水平分割、毒性逆转、限制跳数、触发更新和抑制计时等。

# 3.3　了解 RIP 协议

RIP(routing information protocol,路由信息协议)是使用最广泛的距离矢量路由协议。它主要应用于规模较小的网络环境中，最大的特点是实现原理和配置方法都非常简单。RIP 中的路由更新是通过广播(RIPv1)和组播(RIPv2)的方式来实现的。在默认情况下，路由器每隔 30s 利用 UDP 520 端口向与它直连的邻居路由器广播自己的路由表。RIP 定义了两种报文类型：请求报文(request message)和响应报文(response message)。请求报文用来向邻居路由器请求路由信息，响应报文用来传送路由更新信息。

## 3.3.1　RIP 协议的初始化、更新及收敛

下面以图 3-1 中网络拓扑为例，介绍运行 RIP 协议的路由器通过和邻居路由器互相学习来更新路由并最终完成收敛的过程。

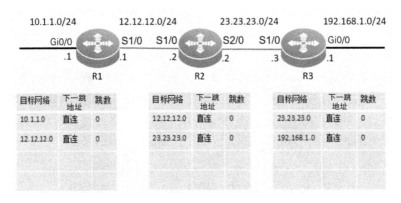

**图 3-1　运行 RIP 协议的路由器的路由表初始状态(初始化)**

在路由协议初始化的开始阶段，路由器之间还没有开始互相发送路由更新包，每台路由器的路由表中会首先生成直连网段的路由。图 3-1 中的路由度量值用到达目的地所经过的路由器数量(跳数)来表示。由于是直连网段，因此跳数为 0。图 3-1 中简单列出了路由表的主要组成部分，包括目标网络、到达目标网络的下一跳地址和到达目标网络的跳数。

路由器添加了直连网段的路由后，会向邻居路由器发送路由更新包。在路由更新包里，包含着自己的整个路由表信息，这样路由器就学习到了邻居路由器的路由信息。第一次更新后，各路由器的路由表如图 3-2 所示。路由器会对比邻居路由器的路由表学习新的路由信息，并添加到自己的路由表中。R1 从 R2 学习到到达 23.23.23.0/24 网络的路由信息。R2 从 R1 学习到到达 10.1.1.0/24 网络的路由信息，从 R3 学习到到达 192.168.1.0/24 网络的路由信息。R3 从 R2 学习到到达 12.12.12.0/24 网络的路由信息。

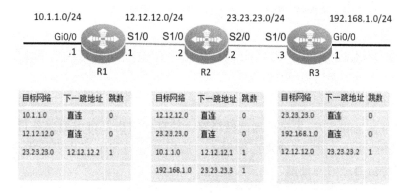

图 3-2　运行 RIP 协议的路由器第一次更新后的路由表状态（更新）

随着更新周期的再一次到来，每台路由器再次向邻居路由器发送自己更新后的路由表，并学习邻居路由器路由表中新的路由信息，再次更新后，路由器的路由表状态如图 3-3 所示。至此，每台路由器的路由表中保存了到达所有网段的路由条目，不再有邻居路由器不知晓的信息，在路由器正常工作的情况下，更新周期到来后，路由表不再添加新的条目，即网络已达到收敛状态。

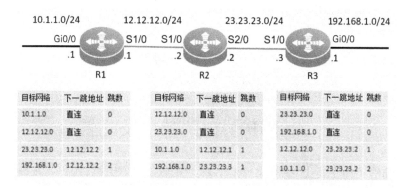

图 3-3　运行 RIP 协议的路由器第二次更新后的路由表状态（收敛）

### 3.3.2　路由环路的产生及避免

如图 3-3 所示，运行 RIP 协议的路由器的路由表都已达到收敛状态。假定此时 192.168.1.0/24 网络出现故障，R3 最先收到故障信息，把网络 192.168.1.0/24 设为不可达，并等待更新周期到来，将这一路由变化告知邻居路由器。如果 R2 的路由更新周期在 R3 之前到来，那么 R3 就会从 R2 那里学习到去往网络 192.168.1.0/24 的新路由信息（实际上，这一路由已经是错误路由了）。这样 R3 的路由表中就记录了一条错误的路由信息（经过 R2，可去往网络 192.168.1.0/24，跳数增加到 2）。

R3 学习了一条错误的路由信息后，会把这样的路由信息再次通告给 R2，根据通告原则，R2 也会更新这样一条错误的路由信息，认为可以通过 R3 去往网络 192.168.1.0/24，跳数增加到 3。最后，R2 认为可以通过 R3 去往网络 192.168.1.0/24，R3 认为可以通过 R2 去往网络 192.168.1.0/24，形成了环路。

RIP 协议采用以下几种机制来避免以上环路问题的出现。

**1. 水平分割**

水平分割即保证路由器从某个接口收到的路由信息不会再从这个接口发送出去，这是保证不产生路由环路的最基本措施。

**2. 毒性逆转**

当某网络发生故障时，最早广播此网络路径信息的路由器将此路由条目的度量值标记为 16 跳，即路由不可达，并将它广播出去。这样虽然增加了路由表的大小，但可以立即清除相邻路由器之间的环路。

**3. 限制跳数**

数据包从源站到目标站最多只允许经过 15 个路由器，如果超过这个数目，则认为这个目标不可达。

**4. 触发更新**

当路由表中的路由信息发生变化时，路由器立即发送路由更新信息给相邻路由器，不必等待 30s 更新周期的到来。这样，网络故障信息会快速地传播到整个网络，从而极大地加快了网络收敛速度，降低了路由环路产生的可能性。

**5. 抑制计时**

当一条路由信息无效之后，一段时间内该路由将处于抑制状态，即一定时间内不再接收关于同一目的地址的路由更新，除非有更好的路径。

# 3.4  RIP 协议的特征及配置

RIP 包括两个版本：RIPv1 和 RIPv2。以下分别介绍 RIPv1、RIPv2 的特征及配置。

## 3.4.1  RIPv1 的特征及配置

**1. RIPv1 的特征**

RIPv1 的特征如下：

（1）它是距离矢量路由协议。

（2）使用跳数作为度量值，直连网络的跳数为 0，通过与其相连的路由器到达下一个紧邻的网络的跳数为 1，以此类推，每多经过一台路由器，跳数增加 1。为限制收敛时间，RIP 规定最大跳数为 15，超过 15 跳，则认为路由不可达，将丢弃数据包，因此，RIP 不适用于大型网络。

（3）采用广播的方式进行路由更新。

（4）路由更新周期为 30s。

（5）路由管理距离为 120。

（6）它是有类别路由协议。

（7）RIP 协议属于 UDP 协议（用户数据报协议）的上层协议，通过 UDP 报文进行路由信息的交换与更新，端口号为 520。

**2. RIPv1 的基本配置**

RIPv1 的基本配置分为两个步骤。

（1）在全局配置模式下启动 RIP 进程，进入 RIP 协议模式，配置命令如下：

router rip

示例：Router(config)♯router rip

　　　Router(config-router)♯

（2）在 RIP 协议模式下通告直连网段，配置命令如下：

network *network-number*

其中，*network-number* 为路由器直连网段的地址。

network 0.0.0.0 命令表示通告所有网段。

### 3.4.2　RIPv2 的特征及配置

**1. RIPv2 的特征**

RIPv2 继承了 RIPv1 的大部分属性，并在其基础上进行了改进，其主要特征如下：

（1）它是无类别路由协议。

（2）通过路由时携带掩码信息。

（3）支持明文认证和 MD5 密文认证。

（4）采用组播（224.0.0.9）的方式进行路由更新。

（5）支持 VLSM（可变长子网掩码）和 CIDR（无类别域间路由）。

RIPv1 和 RIPv2 的区别如表 3-1 所示。

表 3-1　　　　　　　　　　　　　　　　RIPv1 和 RIPv2 的区别

| RIPv1 | RIPv2 |
|---|---|
| 在路由更新的过程中不携带子网信息 | 在路由更新的过程中携带子网信息 |
| 有类别路由协议 | 无类别路由协议 |
| 不支持认证 | 支持明文认证和 MD5 密文认证 |
| 采用广播更新 | 采用组播更新 |
| 不支持 VLSM 和 CIDR | 支持 VLSM 和 CIDR |

**2. RIPv2 的基本配置**

RIPv2 的基本配置分为三个步骤。

（1）同 RIPv1 配置，在全局配置模式下启动 RIP 进程，进入 RIP 协议模式，配置命令如下：

router rip

（2）在 RIP 协议模式下通告 RIP 版本号，配置命令如下：

version { 1 | 2 }

以下为 RIPv2 的可选配置，RIPv1 和 RIPv2 都支持路由自动汇总（路由汇总是指将同一自然网段内的不同子网的路由汇总成一条自然掩码的路由，目的是减少网络上的流量）。在 RIPv1 中，自动汇总功能是默认打开的，且不能关闭；RIPv2 支持关闭路由自动汇总功能，配置命令如下：

no auto-summary

RIPv2 支持两种认证方式：明文认证和 MD5 密文认证。明文认证不能提供安全保障，不能用于安全性要求较高的情况，在全局配置模式下创建一个钥匙包，命令如下：

key chain *key-chain name*

其中，*key-chain name* 为钥匙包名称。

key *key identifier*

其中，*key identifier* 为钥匙的序号（0～2147483647）。

key-string *the key*

其中，*the key* 为钥匙的密码。

在接口模式下启用认证并指定认证类型：

ip rip authentication mode { md5 | text }

其中，md5 表示 MD5 密文认证方式，text 表示明文认证方式。

ip rip authentication key-chain *name of key-chain*

其中，*name of key-chain* 为钥匙包名称。

（3）同 RIPv1 配置，在 RIP 协议模式下通告直连网段，配置命令如下：

network *network-number*

其中，*network-number* 为路由器直连网段的地址。

### 3.4.3 RIP 的可选配置

在不同的网络环境中，可以适当调整 RIP 的配置，以实现一些特定的功能。

（1）有些情况下，不需要向外发送某些路由信息，比如局域网内的路由，这时候可以考虑将路由器的接口设置为被动接口，即在路由器的某个接口上只接收路由更新信息，而不发送路由更新信息。相关配置命令如下：

passive-interface { default | *interface-type interface-number* }

（2）RIP 启用后，水平分割功能默认是启用的。但可以用命令关闭和启用水平分割，在接口模式下执行以下命令：

no ip split-horizen        //关闭 RIP 的水平分割功能

ip split-horizen        //启用 RIP 的水平分割功能

（3）RIP 启用后，毒性逆转功能默认是关闭的，可以在接口模式下执行以下命令来启用毒性逆转功能：

ip rip split-horizon poisoned-reverse

## 【任务实施】

# 3.5　RIPv1 协议配置实训

### 1. 实训目标
(1)了解 RIPv1 协议的运行机制。
(2)掌握 RIPv1 路由配置方法。
(3)掌握 RIPv1 路由维护。

### 2. 实训环境
网络拓扑图如图 3-1 所示。

### 3. 实训要求
按照图 3-1 搭建实训环境,应用 RIPv1 协议实现网络连通,用适当的命令检查网络连通性,并观察路由协议的运行状态。

### 4. 实训步骤
(1)分别配置三台路由器的设备名称和接口 IP 地址,保证直连链路的连通。
见任务 2 中"2.4　用静态路由实现负载均衡和路由备份"。
(2)在 R1 上配置 RIPv1 协议。

```
R1(config)♯router rip
R1(config-router)♯network 10.1.1.0
R1(config-router)♯network 12.12.12.0
```

(3)在 R2 上配置 RIPv1 协议。

```
R2(config)♯router rip
R2(config-router)♯network 12.12.12.0
R2(config-router)♯network 23.23.23.0
```

(4)在 R3 上配置 RIPv1 协议。

```
R3(config)♯router rip
R3(config-router)♯network 23.23.23.0
R3(config-router)♯network 192.168.1.0
```

### 5. 实训调试
(1)在路由器上查看路由表。例如,在 R1 上查看路由表。

```
R1 # show ip route
Codes：L - local, C - connected, S - static, R - RIP, M - mobile, B - BGP
      D - EIGRP, EX - EIGRP external, O - OSPF, IA - OSPF inter area
      N1 - OSPF NSSA external type 1, N2 - OSPF NSSA external type 2
      E1 - OSPF external type 1, E2 - OSPF external type 2
      i - IS-IS, su - IS-IS summary, L1 - IS-IS level-1, L2 - IS-IS level-2
      ia - IS-IS inter area, * - candidate default, U - per-user static route
      o - ODR, P - periodic downloaded static route, H - NHRP, l - LISP
      a - application route
      + - replicated route, % - next hop override

Gateway of last resort is not set

      10.0.0.0/8 is variably subnetted, 2 subnets, 2 masks
C        10.1.1.0/24 is directly connected, GigabitEthernet0/0
L        10.1.1.1/32 is directly connected, GigabitEthernet0/0
      12.0.0.0/8 is variably subnetted, 2 subnets, 2 masks
C        12.12.12.0/24 is directly connected, Serial1/0
L        12.12.12.1/32 is directly connected, Serial1/0
R     23.0.0.0/8 [120/1] via 12.12.12.2, 00:00:15, Serial1/0
R     192.168.1.0/24 [120/2] via 12.12.12.2, 00:00:15, Serial1/0
```

可以看到，路由表中有到目标网络 23.0.0.0/8 和 192.168.1.0/24 的路由信息，这两个路由是通过 RIP 协议学习到的。注意此处学习到的目标网络是不携带子网掩码的主类网络。

在 R3 上查看路由表。

```
R3 # show ip route
Codes：L - local, C - connected, S - static, R - RIP, M - mobile, B - BGP
      D - EIGRP, EX - EIGRP external, O - OSPF, IA - OSPF inter area
      N1 - OSPF NSSA external type 1, N2 - OSPF NSSA external type 2
      E1 - OSPF external type 1, E2 - OSPF external type 2
      i - IS-IS, su - IS-IS summary, L1 - IS-IS level-1, L2 - IS-IS level-2
      ia - IS-IS inter area, * - candidate default, U - per-user static route
      o - ODR, P - periodic downloaded static route, H - NHRP, l - LISP
      a - application route
      + - replicated route, % - next hop override
```

```
Gateway of last resort is not set

R       10.0.0.0/8 [120/2] via 23.23.23.2, 00:00:06, Serial1/0
R       12.0.0.0/8 [120/1] via 23.23.23.2, 00:00:06, Serial1/0
        23.0.0.0/8 is variably subnetted, 2 subnets, 2 masks
C          23.23.23.0/24 is directly connected, Serial1/0
L          23.23.23.3/32 is directly connected, Serial1/0
        192.168.1.0/24 is variably subnetted, 2 subnets, 2 masks
C          192.168.1.0/24 is directly connected, GigabitEthernet0/0
L          192.168.1.1/32 is directly connected, GigabitEthernet0/0
```

可以看到,路由表中有到目标网络 10.0.0.0/8 和 12.0.0.0/8 的路由信息,这两个路由是通过 RIP 协议学习到的。注意此处学习到的目标网络是不携带子网掩码的主类网络。

(2)测试连通情况。例如,在 R1 上用 Ping 命令测试 R3 的连通性。

```
R1#ping 192.168.1.1
Type escape sequence to abort.
Sending 5, 100-byte ICMP Echos to 192.168.1.1, timeout is 2 seconds:
!!!!!
Success rate is 100 percent (5/5), round-trip min/avg/max = 18/18/19 ms
```

可以看到,R1 收到了 ICMP 的 Echo Reply 报文,R1 可以连通 R3。反之,在 R3 上执行 Ping 命令,测试 R1 的连通性,显示如下:

```
R3#ping 10.1.1.1
Type escape sequence to abort.
Sending 5, 100-byte ICMP Echos to 10.1.1.1, timeout is 2 seconds:
!!!!!
Success rate is 100 percent (5/5), round-trip min/avg/max = 18/19/22 ms
```

可以看到,R3 收到了 ICMP 的 Echo Reply 报文,R3 可以连通 R1。

(3)在 R1 上查看 RIP 的运行状态。

```
R1#show ip rip
  Routing Protocol is "rip"
  Outgoing update filter list for all interfaces is not set
  Incoming update filter list for all interfaces is not set
  Sending updates every 30 seconds, next due in 23 seconds
  Invalid after 180 seconds, hold down 180, flushed after 240
```

```
Redistributing：rip
Default version control：send version 1, receive any version
    Interface              Send  Recv  Triggered RIP  Key-chain
    GigabitEthernet0/0           1        1 2
    Serial1/0               1    1 2
Automatic network summarization is in effect
Maximum path：4
Routing for Networks：
    10.0.0.0
    12.0.0.0
Routing Information Sources：
    Gateway            Distance        Last Update
    12.12.12.2         120             00:00:07
Distance：（default is 120）
```

从以上输出信息可知，目前路由器运行的协议是 RIPv1，自动汇总功能是打开的；路由更新周期是 30s，network 命令所指定的网段是 10.0.0.0/24 和 12.0.0.0/24。

在 R1 上查看 RIP 的 debug 信息，观察 RIP 协议收发报文的情况。

```
R1♯terminal monitor
% Console already monitors
R1♯debug ip rip
R1♯
*Aug 2 16:56:50.845：RIP: sending v1 update to 255.255.255.255 via Serial1/0
(12.12.12.1)
*Aug 2 16:56:50.845：RIP: build update entries
*Aug 2 16:56:50.845：    network 10.0.0.0 metric 1
R1♯
*Aug 2 16:57:10.040：RIP: received v1 update from 12.12.12.2 on Serial1/0
*Aug 2 16:57:10.040：    23.0.0.0 in 1 hops
*Aug 2 16:57:10.040：    192.168.1.0 in 2 hops
R1♯
*Aug 2 16:57:11.342：RIP: sending v1 update to 255.255.255.255 via GigabitEth-
ernet0/0 (10.1.1.1)
*Aug 2 16:57:11.342：RIP: build update entries
*Aug 2 16:57:11.342：    network 12.0.0.0 metric 1
*Aug 2 16:57:11.342：    network 23.0.0.0 metric 2
*Aug 2 16:57:11.342：    network 192.168.1.0 metric 3
```

由以上输出信息可知,R1 在接口 Gi0/0 上发送的路由更新信息包含路由 12.0.0.0(度量值为 1)、路由 23.0.0.0(度量值为 2)和路由 192.168.1.0(度量值为 3),在接口 S1/0 上发送的路由更新信息包含路由 10.0.0.0(度量值为 1)、路由 23.0.0.0(度量值为 2)和路由 192.168.1.0(度量值为 3)。以上更新是以广播方式发送的。R1 在接口 S1/0 上接收到了来自 R2 上网络 12.12.12.2 的路由更新信息。

# 3.6　RIPv2 协议配置实训

**1. 实训目标**

(1)了解 RIPv2 协议的运行机制。

(2)掌握 RIPv2 路由配置方法。

(3)掌握 RIPv2 与 RIPv1 的区别。

**2. 实训环境**

网络拓扑图如图 3-1 所示。

**3. 实训要求**

按照图 3-1 搭建实训环境,应用 RIPv2 协议实现网络连通,用适当的命令检查网络连通性,并观察路由协议的运行状态。

**4. 实训步骤**

(1)分别配置三台路由器的设备名称和接口 IP 地址,保证直连链路的连通。

见任务 2 中"2.4　用静态路由实现负载均衡和路由备份"。

(2)在 R1 上配置 RIPv2 协议。

```
R1(config)#router rip
R1(config-router)#version 2
R1(config-router)#network 10.1.1.0
R1(config-router)#network 12.12.12.0
R1(config-router)#no auto-summary
```

(3)在 R2 上配置 RIPv2 协议。

```
R2(config)#router rip
R2(config-router)#version 2
R2(config-router)#network 12.12.12.0
R2(config-router)#network 23.23.23.0
R2(config-router)#no auto-summary
```

(4)在 R3 上配置 RIPv2 协议。

```
R3(config)♯router rip
R3(config-router)♯version 2
R3(config-router)♯network 23.23.23.0
R3(config-router)♯network 192.168.1.0
R3(config-router)♯no auto-summary
```

**5. 实训调试**

(1)在 R1 上查看路由表。

```
R1♯show ip route
Codes：L - local, C - connected, S - static, R - RIP, M - mobile, B - BGP
       D - EIGRP, EX - EIGRP external, O - OSPF, IA - OSPF inter area
       N1 - OSPF NSSA external type 1, N2 - OSPF NSSA external type 2
       E1 - OSPF external type 1, E2 - OSPF external type 2
       i - IS-IS, su - IS-IS summary, L1 - IS-IS level-1, L2 - IS-IS level-2
       ia - IS-IS inter area, * - candidate default, U - per-user static route
       o - ODR, P - periodic downloaded static route, H - NHRP, l - LISP
       a - application route
       + - replicated route, % - next hop override

Gateway of last resort is not set

      10.0.0.0/8 is variably subnetted, 2 subnets, 2 masks
C         10.1.1.0/24 is directly connected, GigabitEthernet0/0
L         10.1.1.1/32 is directly connected, GigabitEthernet0/0
      12.0.0.0/8 is variably subnetted, 2 subnets, 2 masks
C         12.12.12.0/24 is directly connected, Serial1/0
L         12.12.12.1/32 is directly connected, Serial1/0
      23.0.0.0/8 is variably subnetted, 2 subnets, 2 masks
R         23.0.0.0/8 [120/1] via 12.12.12.2, 00:01:17, Serial1/0
R         23.23.23.0/24 [120/1] via 12.12.12.2, 00:00:05, Serial1/0
R     192.168.1.0/24 [120/2] via 12.12.12.2, 00:00:05, Serial1/0
```

可以看到，R1 学习到目标网络为 23.23.23.0/24 和 192.168.1.0/24 的路由信息，即携带子网掩码信息的正确路由。

在 R3 上查看路由表。

```
R3 # show ip route
Codes: L - local, C - connected, S - static, R - RIP, M - mobile, B - BGP
       D - EIGRP, EX - EIGRP external, O - OSPF, IA - OSPF inter area
       N1 - OSPF NSSA external type 1, N2 - OSPF NSSA external type 2
       E1 - OSPF external type 1, E2 - OSPF external type 2
       i - IS-IS, su - IS-IS summary, L1 - IS-IS level-1, L2 - IS-IS level-2
       ia - IS-IS inter area, * - candidate default, U - per-user static route
       o - ODR, P - periodic downloaded static route, H - NHRP, l - LISP
       a - application route
       + - replicated route, % - next hop override

Gateway of last resort is not set

      10.0.0.0/24 is subnetted, 1 subnets
R         10.1.1.0 [120/2] via 23.23.23.2, 00:00:27, Serial1/0
      12.0.0.0/24 is subnetted, 1 subnets
R         12.12.12.0 [120/1] via 23.23.23.2, 00:00:27, Serial1/0
      23.0.0.0/8 is variably subnetted, 2 subnets, 2 masks
C         23.23.23.0/24 is directly connected, Serial1/0
L         23.23.23.3/32 is directly connected, Serial1/0
      192.168.1.0/24 is variably subnetted, 2 subnets, 2 masks
C         192.168.1.0/24 is directly connected, GigabitEthernet0/0
L         192.168.1.1/32 is directly connected, GigabitEthernet0/0
```

　　从以上信息可以看出，R3 学习到目标网络为 10.1.1.0/24 和 12.12.12.0/24 的路由信息，即携带子网掩码信息的正确路由。
　　(2)在 R1 上查看 RIP 的运行状态。

```
R1 # show ip rip
Routing Protocol is "rip"
  Outgoing update filter list for all interfaces is not set
  Incoming update filter list for all interfaces is not set
  Sending updates every 30 seconds, next due in 23 seconds
  Invalid after 180 seconds, hold down 180, flushed after 240
  Redistributing: rip
  Default version control: send version 2, receive version 2
    Interface        Send   Recv   Triggered RIP   Key-chain
    Ethernet0/0        2      2
    Serial1/0          2      2
```

```
Automatic network summarization is not in effect
Maximum path：4
Routing for Networks：
  10.0.0.0
  12.0.0.0
Routing Information Sources：
  Gateway          Distance        Last Update
  12.12.12.2         120            00：00：04
Distance：(default is 120)
```

可以看到，RIP 的运行版本是 RIPv2，自动汇总功能已被关闭。

（3）观察 R1 上 RIP 协议收发报文的情况。

```
* Aug 3 10：02：03.684：RIP：sending v2 update to 224.0.0.9 via Ethernet0/0 (10.1.
1.1)
* Aug 3 10：02：03.684：RIP：build update entries
* Aug 3 10：02：03.684：      12.12.12.0/24 via 0.0.0.0, metric 1, tag 0
* Aug 3 10：02：03.684：      23.23.23.0/24 via 0.0.0.0, metric 2, tag 0
* Aug 3 10：02：03.684：      192.168.1.0/24 via 0.0.0.0, metric 3, tag 0
R1#
* Aug 3 10：02：07.412：RIP：sending v2 update to 224.0.0.9 via Serial1/0 (12.12.
12.1)
* Aug 3 10：02：07.412：RIP：build update entries
* Aug 3 10：02：07.412：      10.1.1.0/24 via 0.0.0.0, metric 1, tag 0
R1#
* Aug 3 10：02：09.933：RIP：received v2 update from 12.12.12.2 on Serial1/0
* Aug 3 10：02：09.933：      23.23.23.0/24 via 0.0.0.0 in 1 hops
* Aug 3 10：02：09.933：      192.168.1.0/24 via 0.0.0.0 in 2 hops
```

可以看到，RIPv2 协议的报文中携带了掩码信息。

### 6. 实训拓展

配置 RIPv2 认证。

为加强协议的安全性，RIPv2 新增了认证功能。先在 R1、R2 和 R3 的接口上配置不同的密码，再检查路由器之间能否正确学习到路由信息。

（1）配置 R1。

```
R1(config)♯key chain ruijie
R1(config-keychain)♯key 1
R1(config-keychain-key)♯key-string abc
R1(config)♯interface serial 1/0
R1(config-if)♯ip rip authentication mode md5
R1(config-if)♯ip rip authentication key-chain ruijie
```

（2）配置 R2。

```
R2(config)♯key chain ruijie
R2(config-keychain)♯key 1
R2(config-keychain-key)♯key-string abc
R2(config)♯interface serial1/0
R2(config-if)♯ip rip authentication mode md5
R2(config-if)♯ip rip authentication key-chain ruijie

R2(config)♯key chain Ruijie
R2(config-keychain)♯key 1
R2(config-keychain-key)♯key-string aaa
R2(config)♯interface serial2/0
R2(config-if)♯ip rip authentication mode md5
R2(config-if)♯ip rip authentication key-chain ruijie
```

（3）配置 R3。

```
R3(config)♯key chain ruijie
R3(config-keychain)♯key 1
R3(config-keychain-key)♯key-string abc
R3(config)♯interface serial1/0
R3(config-if)♯ip rip authentication mode md5
R3(config-if)♯ip rip authentication key-chain ruijie
```

（4）RIP 协议的路由老化时间是 180s，所以等到路由老化，再次查看路由表。

```
R1♯show ip route
Codes：L - local，C - connected，S - static，R - RIP，M - mobile，B - BGP
       D - EIGRP，EX - EIGRP external，O - OSPF，IA - OSPF inter area
       N1 - OSPF NSSA external type 1，N2 - OSPF NSSA external type 2
       E1 - OSPF external type 1，E2 - OSPF external type 2
       i - IS-IS，su - IS-IS summary，L1 - IS-IS level-1，L2 - IS-IS level-2
```

```
        ia - IS-IS inter area, * - candidate default, U - per-user static route
        o - ODR, P - periodic downloaded static route, H - NHRP, l - LISP
        a - application route
        + - replicated route, % - next hop override

Gateway of last resort is not set

        10.0.0.0/8 is variably subnetted, 2 subnets, 2 masks
C           10.1.1.0/24 is directly connected, GigabitEthernet0/0
L           10.1.1.1/32 is directly connected, GigabitEthernet0/0
        12.0.0.0/8 is variably subnetted, 2 subnets, 2 masks
C           12.12.12.0/24 is directly connected, Serial1/0
L           12.12.12.1/32 is directly connected, Serial1/0
        23.0.0.0/24 is subnetted, 1 subnets
R           23.23.23.0 [120/1] via 12.12.12.2, 00:00:25, Serial1/0
```

可以看到，R1 学习到目标网络为 23.23.23.0/24 的路由信息，但因 R2 上 S2/0 接口的密码不一致，未能学习到目标网络为 192.168.1.0/24 的路由信息。

（5）现将 R2 的 S2/0 接口认证密码修改为与其他接口一致。

```
R2(config)#interface serial 2/0
R2(config-if)#ip rip authentication key-chain ruijie
```

（6）查看 R1 的路由表是否能够正确学习路由信息。

```
R1#show ip route
Codes: L - local, C - connected, S - static, R - RIP, M - mobile, B - BGP
       D - EIGRP, EX - EIGRP external, O - OSPF, IA - OSPF inter area
       N1 - OSPF NSSA external type 1, N2 - OSPF NSSA external type 2
       E1 - OSPF external type 1, E2 - OSPF external type 2
       i - IS-IS, su - IS-IS summary, L1 - IS-IS level-1, L2 - IS-IS level-2
       ia - IS-IS inter area, * - candidate default, U - per-user static route
       o - ODR, P - periodic downloaded static route, H - NHRP, l - LISP
       a - application route
       + - replicated route, % - next hop override
```

```
Gateway of last resort is not set

     10.0.0.0/8 is variably subnetted, 2 subnets, 2 masks
C       10.1.1.0/24 is directly connected, GigabitEthernet0/0
L       10.1.1.1/32 is directly connected, GigabitEthernet0/0
     12.0.0.0/8 is variably subnetted, 2 subnets, 2 masks
C       12.12.12.0/24 is directly connected, Serial1/0
L       12.12.12.1/32 is directly connected, Serial1/0
     23.0.0.0/24 is subnetted, 1 subnets
R       23.23.23.0 [120/1] via 12.12.12.2, 00:00:22, Serial1/0
R    192.168.1.0/24 [120/2] via 12.12.12.2, 00:00:02, Serial1/0
```

可以看到，R1 学习到目标网络为 23.23.23.0/24 和 192.168.1.0/24 的路由信息。

【任务小结】

动态路由协议包括距离矢量路由协议和链路状态路由协议。距离矢量路由协议要求每个启动路由进程的路由器的接口周期性地向邻居路由器发送其全部或者部分路由表，随着路由信息在网络上的扩散，路由器就可以计算到所有节点的距离。距离矢量路由协议是为小型网络环境设计的。RIP 协议是目前常用的距离矢量路由协议。RIP 有 RIPv1 和 RIPv2 两个版本，使用水平分割、毒性逆转、限制跳数、触发更新和抑制计时五种机制来避免路由环路。

RIP 协议命令如表 3-2 所示。

表 3-2　　　　　　　　　　　　　　　**RIP 协议命令**

| 操作 | 命令 |
| --- | --- |
| 启动 RIP 进程，进入 RIP 协议模式 | router rip |
| 通告直连网段 | network *network-number* |
| 通告 RIP 版本号 | version {1\|2} |
| 关闭路由自动汇总功能 | no auto-summary |
| 启动 RIP 认证并指定认证方式 | key chain *key-chain name*<br>key *key identifier*<br>key-string *the key*<br>ip rip authentication mode { md5 \| text }<br>ip rip authentication key-chain *name of key-chain* |
| 启用毒性逆转功能 | ip rip split-horizon poisoned-reverse |
| 关闭水平分割功能 | no ip split-horizen |
| 显示指定 RIP 进程的当前运行状态即配置信息 | show ip rip |
| 终端显示调试功能 | terminal monitor |
| 查看 RIP 协议收发报文的情况 | debug ip rip |

## 【任务拓展】

### 1.填空题

(1)使用命令_____查看 RIP 进程状态。

(2)_____路由协议只关心到达目的网段的距离和方向。

(3)使用命令_____关闭路由自动汇总功能。

(4)使用命令_____关闭水平分割功能。

(5)RIP 从某个接口学习到路由信息后，将该路由的度量值设置为无穷大(16 跳)，并从原接口发回邻居路由器，这种避免环路出现的方法为_____。

(6)两台路由器通过广域网连接并通过 RIPv2 动态完成了远端路由学习，此时路由表已经达到稳定状态，那么此刻起在 45s 之内，两台路由器在广域网之间一定会有的报文传递是_____。

(7)在一台运行 RIP 协议的 RSR 路由器上看到如下信息：

RSR♯show ip rip

Routing Protocol is "rip"

Sending updates every 30 seconds

Invalid after 180 seconds，flushed after 120 seconds

Outgoing update filter list for all interface is：not set

Incoming update filter list for all interface is：not set

Redistribution default metric is 1

Redistributing：

Default version control：send version 2，receive version 2

Automatic network summarization is not in effect

Maximum path：8

Routing for Networks：

Distance：(default is 120)

Graceful-restart disabled

从以上信息可以分析出:该路由器运行的是_____。支持_____条路由实现负载分担。

(8)RSR 路由器通过 RIPv2 和外界交换路由信息，在路由表里有 10.1.1.0/24、10.1.2.0/24、10.1.3.0/24 三条路由，在该路由器上增加如下 RIP 的配置：

RSR（config-router)♯auto-summary

那么该路由器将会对外发送_____网段的路由。

(9)一台 RSR 路由器要通过 RIP 协议来学习路由信息，在路由器上做了如下的配置：

RSR(config-router)♯network 0.0.0.0

那么关于此配置的解释是_____。

(10)两台路由器 RSR-1、RSR-2 之间的广域网链路采用 PPP 协议,两端通过配置 RIP 协议互相学习彼此的路由信息,目前路由学习正常,现在在 RSR-1 的 RIP 配置中增加 如下命令:RSR(config-router)♯passive-interface default　　那么此命令使＿＿＿＿＿。

**2. 选择题(选择一项或多项)**

(1)在运行 RIP 的 RSR 路由器上看到如下路由信息:

IOU6♯show ip route

Codes:L - local, C - connected, S - static, R - RIP, M - mobile, B - BGP

　　　　D - EIGRP, EX - EIGRP external, O - OSPF, IA - OSPF inter area

　　　　N1 - OSPF NSSA external type 1, N2 - OSPF NSSA external type 2

　　　　E1 - OSPF external type 1, E2 - OSPF external type 2

　　　　i - IS-IS, su - IS-IS summary, L1 - IS-IS level-1, L2 - IS-IS level-2

　　　　ia - IS-IS inter area, * - candidate default, U - per-user static route

　　　　o - ODR, P - periodic downloaded static route, H - NHRP, l - LISP

　　　　a - application route

　　　　+ - replicated route, % - next hop override

Gateway of last resort is not set

　　　　　6.0.0.0/8 is variably subnetted, 2 subnets, 2 masks

R　　　　　6.0.0.0/8 [120/1] via 100.1.1.1, 00:00:46, Ethernet0/1

S　　　　　6.6.6.0/24 [1/0] via 100.1.1.1

　　　　100.0.0.0/8 is variably subnetted, 2 subnets, 2 masks

C　　　　　100.1.1.0/24 is directly connected, GigabitEthernet0/1

L　　　　　100.1.1.2/32 is directly connected, GigabitEthernet0/1

此时路由器收到一个目的地址为 6.6.6.6 的数据包,那么(　　)。

A. 该数据包将优先匹配路由表中的 RIP 路由,因为其掩码最长

B. 该数据包将优先匹配路由表中的 RIP 路由,因为其管理距离短

C. 该数据包将优先匹配路由表中的静态路由,因为其花费少

D. 该数据包将优先匹配路由表中的静态路由,因为其掩码最短

(2)在一台运行 RIP 协议的 RSR 路由器上配置了一条默认路由 A,其下一跳地址为 100.1.1.1;同时该路由器通过 RIP 从邻居路由器学习到一条下一跳地址也是 100.1.1.1 的默认路由 B。该路由器对路由协议都使用默认优先级和度量值,那么(　　)。

A. 在该路由器的路由表中将只有路由 B,因为动态路由优先

B. 在该路由器的路由表中只有路由 A,因为路由 A 的优先级高

C. 在该路由器的路由表中只有路由 A,因为路由 A 的度量值为 0

D. 路由 A 和路由 B 都会被写入路由表,因为它们来源不同,互不冲突

（3）一台 RSR 路由器上的路由表的信息显示如下：

S  6.6.6.0/24［1/0］via 100.1.1.1

   8.0.0.0/32 is subnetted，1 subnets

C  8.8.8.8 is directly connected，Loopback0

S  20.1.1.0/24［1/0］via 100.1.1.1

R  30.0.0.0/8［120/1］via 100.1.1.1，00：00：46，GigabitEthernet0/1

那么，以下对此路由表的分析正确的是（  ）。

A．该路由器上接口 Gi0/0 的 IP 地址为 100.1.1.1

B．目的网段为 8.8.8.8/32 的路由下一跳接口为 InLoop0，说明该路由下一跳是类似于 Null0 的虚接口，该路由属于黑洞路由

C．该路由器运行的协议是 RIPv1，因为目的网段 30.0.0.0 的掩码是自然掩码

D．该路由表不是该路由器的完整路由表，完整的路由表至少应该有接口 Gi0/0 的直连网段路由

（4）在一台 RSR 路由器的路由表中发现如下路由信息：

X  10.10.10.2［120/1］via 2.0.0.0，00：00：12，Serial6/1

那么，关于此条路由信息的描述正确的是（  ）。

A．这条路由项中的类型可能是 static

B．这条路由一定是通过动态路由学习到的

C．这条路由项中的类型可能是 rip

D．这条路由一定不可能是一条直连路由

（5）对于运行 RIPv1 和 RIPv2 协议的 RSR 路由器，如下说法正确的是（  ）。

A．运行 RIPv1 协议的路由器上学习到的路由目的网段一定是自然分类网段

B．运行 RIPv2 协议的路由器上学习到的路由目的网段一定是变长掩码的子网地址

C．运行 RIPv1 和 RIPv2 协议的路由器都可以学习到自然分类网段的路由

D．运行 RIPv1 和 RIPv2 协议的路由器都可以学习到非自然分类网段的路由，比如目的网段为 10.10.200.0/22 的路由

（6）路由器 RSR -1 的两个广域网接口 S1/0、S1/1 分别连接路由器 RSR -2、RSR -3。同时 RSR -1 的以太网口连接 RSR -4，四台路由器都运行了 RIP 协议。在 RSR -1 上的网络 192.168.0.0 发生故障后，RSR -1 立刻将此路由不可达的更新消息发送给其他三台路由器，假如不考虑抑制时间，那么（  ）。

A．在 RSR -1 上使用了 RIP 的快速收敛机制

B．在 RSR -1 上使用了 RIP 的触发更新机制

C．如果 RSR -1 关于此路由的更新信息还没有来得及发送，就接收到相邻路由器的周期性路由更新信息，那么 RSR -1 上就会更新错误的路由信息

D．这种立即发送更新报文的方式单独使用并不能完全避免路由环路

（7）路由器 RSR -1 的两个广域网接口 S1/0、S1/1 分别连接路由器 RSR -2、RSR -3。同时 RSR -1 的以太网口连接 RSR -4，四台路由器都运行了 RIP 协议并正确地完成了路由学习，在所有路由器上都启动了 RIP 避免路由环路的机制，此时发现在 RSR -2 上的网

络 192.168.0.0 发生故障,那么(　　)。

　　A. 在 RSR-2 上 192.168.0.0 路由项的度量值被设置为最大值

　　B. 在四台路由器上的路由表中,192.168.0.0 路由项的度量值都被设置为最大值

　　C. 在 RSR-2 上会对 192.168.0.0 路由项启动抑制时间机制

　　D. 在 RSR-4 上会对 192.168.0.0 路由项启动抑制时间机制

　　(8)客户的网络由两台 RSR 路由器互连构成,两台 RSR 之间运行 RIPv1 协议,目前已经完成了动态路由学习而且学到了远端的路由,如今客户想把 RIPv1 修改为 RIPv2,那么将会发生的变化可能是(　　)。

　　A. 路由器上学习到的远端路由的掩码长度可能会发生变化

　　B. 路由器发送 RIP 报文的方式可能会发生变化

　　C. 路由器上发送 RIP 更新报文的时间间隔可能会发生变化

　　D. 路由器上路由表的路由项可能会发生变化

　　(9)路由器 RSR-1 分别与 RSR-2、RSR-3 互连,其中在 RSR-1 的路由表中有一条从 RSR-2 学习到的去往目的网段 120.10.12.0/24 的 RIP 路由,其度量值为 3;此时 RSR-1 从 RSR-3 上也接收到一条依然是去往目的网段 120.10.12.0/24 的 RIP 路由,其度量值为 15,那么(　　)。

　　A. RSR-1 的路由表不做更新,依然保留从 RSR-2 学习到的该网段路由

　　B. RSR-1 的路由表会更新为从 RSR-3 上学习到的度量值为 15 的路由信息

　　C. RSR-1 的路由表会更新,因为度量值为 15 的 RIP 路由意味着网络可能有环路

　　D. RSR-1 的路由表不会更新,因为度量值为 15 的 RIP 路由意味着不可靠路由,RIP 不会将其写入自己的路由表

　　(10)RIP 是如何通过将抑制时间和毒性逆转结合起来以避免路由环路出现的?(　　)

　　A. 从某个接口学到路由信息后,将该路由的度量值设置为无穷大,并从原接口发回邻居路由器

　　B. 从某个接口学到路由信息后,对该路由设置抑制计时,并从原接口发回邻居路由器

　　C. 主动对故障网段的路由设置抑制计时,将其度量值设置为无穷大,并发送给其他邻居路由器

　　D. 从某个接口学到路由信息后,将该路由的度量值设置为无穷大,并设置抑制计时,然后从原接口发回邻居路由器

**3. 综合题**

拓扑图如图 3-4 所示,按下列要求完成 RIP 协议实训任务。

(1)按照图 3-4 连接路由器和各主机。

(2)按照图 3-4 配置路由器和各主机的 IP 地址等参数。

(3)用 RIPv1 协议完成整个网络的路由设置,要求三台 PC 间可以互相访问。

(4)测试各主机之间的连通性。

(5)检查路由器 R1 的路由表。注意观察路由条目是否携带掩码信息。

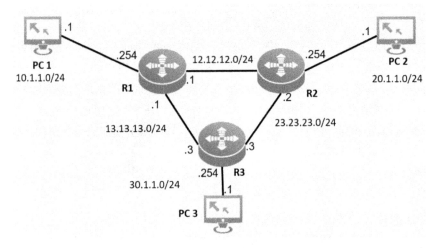

**图 3-4　RIP 协议实训拓扑图**

（6）将 RIP 协议版本修改为 RIPv2，再次检查路由器 R1 的路由表，观察路由条目是否携带掩码信息。

（7）尝试配置 RIPv2 认证。

# 任务4 用 OSPF 协议实现网络互联

## 【知识目标】

❖ 了解动态路由 OSPF 协议的概念及原理。

❖ 掌握单区域 OSPF 的配置方法。

❖ 掌握 OSPF 优先级和 Cost 的配置方法。

❖ 掌握多区域 OSPF 的配置方法。

## 【能力目标】

❖ 能够使用动态路由 OSPF 协议完成网络连通。

❖ 掌握 OSPF 的路由选择方式。

## 【素质目标】

❖ 树立坚定的理想信念和远大的人生志向。

❖ 培养立足本职、求实创新的科学态度。

## 【任务描述】

某公司由开发部、测试部、人事部和财务部四个部门组成,每个部门属于一个子网,现准备用三台路由器连接这几个部门,使得各部门之间能够互相通信。因业务发展的需要,公司规划将增加技术支持部、销售部、信息中心等多个部门,各个部门急需招聘新员工,并且对工作内容进行细化分工,部门内部需建立多个分部,每个分部需要有自己的独立网段,网络工程师需选择合适的路由协议完成连通。

公司规模扩张后,网络环境会变得复杂,大部门间负责网络连通的路由器负荷增加,将影响网络的正常运行,网络工程师需采用适当的方法给路由器减负,保证网络畅通。

## 【知识储备】

## 4.1 认识链路状态路由协议

链路状态是指与路由器直连的网络状态,包含关于网络类型以及网络中与该路由器相邻的所有路由器的信息。链路状态路由协议又称为最短路径优先协议,基于 Edsger Dijkstra 的最短路径优先(shortest path first,SPF)算法。运行链路状态路由协议的路由器,在互相学习路由信息之前,会首先和邻居路由器交换自己已知的链路或接口的状态,因此,每台路由器都能在自己的内存中建立一个拓扑表(或称链路状态数据库),根据收集到的链路状态信息来创建整个网络的拓扑结构,依据最短路径优先算法,计算出路由。链路状态路由协议的工作方式如同出发之前先买了一份地图,有了地图,就可以从所有潜在的路径中选择最佳的路径。如果某一条路径发生故障,可以根据地图重新规划线路,而不用询问其他人。

运行链路状态路由协议的路由器在确定路由之前首先要学习整个网络的拓扑,网络的收敛速率可能比运行距离矢量路由协议的路由器慢,一旦整个拓扑学习完毕,路由器之间就不再需要交换所有路由信息,从而节省了网络的带宽。当网络拓扑发生变化时,路由器也不需要把自己的整个路由表发送给邻居路由器,只需要发出一个包含改变链路信息的触发更新包。收到触发更新包的路由器会把该信息添加到自己的拓扑表中,并计算出新的路由。所以,运行链路状态路由协议的网络在网络变化时收敛速率是很快的。

# 4.2 认识 OSPF 协议

## 4.2.1 了解 OSPF 协议的概念及工作过程

OSPF(open shortest path first,开放式最短路径优先)由 IETF(Internet engineering task force,互联网工程任务组)开发,是基于链路状态(link state)的自治系统内部路由协议。与 RIP 不同,OSPF 是链路状态路由协议,而 RIP 是距离矢量路由协议。OSPF 有 OSPFv2 和 OSPFv3 两个版本,其中 OSPFv2 适用于 IPv4 网络,OSPFv3 适用于 IPv6 网络。OSPFv2 由 RFC 2328 定义,OSPFv3 由 RFC 5340 定义。

与 OSPF 协议相关的术语如下。

(1)链路(link):当一个接口加入 OSPF 进程,就被当作 OSPF 的一条链路。

(2)链路状态:包括接口的 IP 地址、子网、网络类型、链路开销、链路上的邻居等。

(3)路由器 ID(router ID,RID):用来标识路由器的一个 IP 地址,可以在 OSPF 路由进程中手动指定。

(4)邻居(neighbor):运行 OSPF 路由协议的位置相邻的两台路由器互为邻居关系。

(5)邻接(adjacency):两台路由器之间的关系。OSPF 只与建立了邻接关系的邻居路由器共享路由信息。

(6)区域(area):OSPF 通过划分区域来实现分层设计,跨越两个或以上区域的路由被称作区域边界路由器(area border router,ABR)。所有的区域都和"Area 0"相连,"Area 0"被称作骨干区域,骨干区域路由器具有自治系统中所有路由条目,链路状态通告(link state announcement,LSA)的扩散仅限制在区域内,通过划分多个区域可以减轻 LSA 扩散过程中硬件的负担。

(7)指定路由器(designated router,DR):当 OSPF 链路被连接到多路访问的网络中时,需要选择一台 DR,每台路由器都把拓扑变化发给 DR 和备用的指定路由器(backup designated router,BDR),然后由 DR 通知该多路访问网络中的其他路由器。

(8)备用的指定路由器:当 DR 发生故障时,BDR 就转变成 DR,接替 DR 的工作。

(9)开销(cost):OSPF 中使用的唯一度量值,通过计算链路的带宽得出。

(10)多路访问(multi access):指在一条链路上有多个访问点,区别于点到点(point-to-point)或点到多点(point-to-multipoint)的网络。多路访问网络一般分为两种:广播式多路访问(broadcast multi access,BMA)和非广播式多路访问(none broadcast multi access,NBMA)。广播式多路访问网络支持广播发送,一般指的是以太网,如图 4-1 所示;非广播式多路访问网络无法发送广播,该类型网络中最常见的网络协议有帧中继、X.25 及 ATM 等。

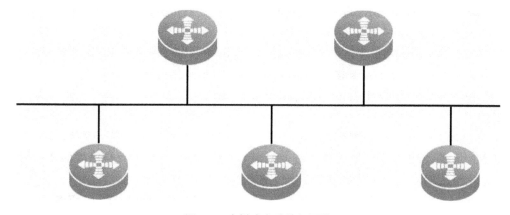

图 4-1    广播式多路访问网络

OSPF 协议在不同的网络类型中工作过程有所不同,本书仅以广播式多路访问网络为例介绍 OSPF 协议的工作过程。OSPF 在其他网络类型中的工作过程类似或者简单于本例。

OSPF 协议的工作过程主要分为以下五个步骤:

**1. 发送 Hello 包寻找邻居**

与 RIP 不同,OSPF 协议运行后,不会立即向网络广播路由信息,而是先寻找网络中可以与自己交换链路状态信息的路由器作为邻居。运行 OSPF 的路由器会周期性地从启动 OSPF 的每一个接口以组播方式发送 Hello 包寻找邻居,Hello 包里携带有路由器的 RID、区域 ID、网络掩码、DR、BDR 和路由器的优先级等信息。接收到 Hello 包的路由器起初仅将始发路由器作为候选邻居,接收 Hello 包的接口进入初始化(Init)状态,当两台路由器协商好 Hello 包中的某些参数后,接口进入互相确认(2-way)状态,此时,才将对方确定为邻居。

**2. 选举 DR/BDR,建立邻接关系**

邻接关系是指在邻居路由器之间构成的,相互传递链路状态信息的虚链路。建立邻接关系的路由器之间要交换链路状态信息,这会引起大量的开销。所以 OSPF 协议不要求区域内所有路由器之间两两建立邻接关系,而是在区域内选取一个 DR,每台路由器都与 DR 建立邻接关系。DR 负责收集所有的链路状态信息,并发送给其他路由器。

如果 DR 失效,那么之前建立的所有的邻接关系都会失效,此时必须重新选举新的

DR,所有路由器需要与 DR 重新建立新的邻接关系,重新学习所有的链路状态信息。这将导致网络在较长的时间内不能正常运行。因此,在选举 DR 的同时,还会选举一个 BDR,网络上角色为 DR other 的其他路由器,将同时与 DR 和 BDR 建立邻接关系,在 DR 失效时,BDR 立即担负起 DR 的职责,不会影响网络的正常运行。

DR/BDR 的选举原则:

(1)路由器优先级最高的被选为 DR,优先级次高的被选为 BDR。路由器的优先级只在选举过程中生效,不能强制更改已经生效的 DR 和 BDR。

(2)若路由器优先级相同,则选择 RID 最高的路由器作为 DR。

RID 以 IP 地址来表示,确定原则如下:

①用命令 router id 指定的路由器 ID 是优先级最高的。

②如果没有用命令指定路由器 ID,选择 Loopback 接口中最大的 IP 地址作为路由器 ID。如果只有一个 Loopback 接口,则将此接口的 IP 地址作为路由器 ID。

③如果没有 Loopback 接口,则选择最大的活动的物理接口的 IP 地址作为路由器 ID。

DR 和 BDR 的选举以网络为基础,一个 OSPF 区域内通常包含多个网络,每个网络都要进行选举,所以一个区域内通常包含多个 DR 和 BDR,并且一台路由器的角色可能是一个网络的 DR,也有可能是另一个网络的 BDR。

在 DR/BDR 选举结束后,DR other 路由器与 DR 和 BDR 之间建立 OSPF 邻接关系,接口进入 Exstart(准启动)状态。

### 3.交换链路状态信息

路由器之间建立邻接关系后,进入交换链路状态信息阶段,接口进入 Exchange(交换)状态,通过交换描述路由器所有链路信息的 LSA 来建立描述整个网络中所有链路状态信息的链路状态数据库(link state data base,LSDB)。

当路由器都建立了自己的 LSDB 后,接口进入 Loading 状态,将用链路状态请求(link state request,LSR)数据包来请求发送链路的更新信息,对方路由器收到 LSR 数据包后,会用链路状态更新(link state update,LSU)数据包回应,发起路由器存储更新的 LSA 到自己的 LSDB,用链路状态确认(link state acknowledgment,LSAck)数据包确认更新的回应。

LSA 交换完成后,接口进入 Full 状态,同一个区域内所有运行 OSPF 协议的路由器都拥有相同的 LSDB。

### 4.SPF 计算路由

当每台路由器都拥有完整、相同的 LSDB 后,将依据 LSDB 的内容,用 SPF 算法计算出到达每个目标网络的最佳路径,并将此最佳路径存入路由表中。OSPF 利用 cost 值计算到达目标网络的路径,cost 值最小者为最佳路径。

### 5.维护路由信息

当链路状态发生变化时,运行 OSPF 协议的路由器立即向已经建立邻接关系的邻居发送 LSA 摘要信息,摘要信息仅对路由器的链路状态进行简单的描述,并不包含具体的链路信息。对方路由器接收到含有新信息的 LSU 数据包后,将发送 LSR 请求该链路信息,更新自己的 LSDB,重新用 SPF 算法计算出最佳路径,并将其存入路由表中。

如果链路状态没有发生改变,运行 OSPF 协议的路由器也会每隔 30min 向已经建立邻接关系的邻居发送 LSA 摘要信息。

根据以上描述,OSPF 数据包类型如表 4-1 所示。

表 4-1　　　　　　　　　　　　　　**OSPF 数据包类型**

| 数据包类型 | 描述 |
| --- | --- |
| Hello | 用于建立和维护运行 OSPF 协议的路由器之间的邻接关系 |
| LSA | 用户描述路由器的链路状态信息 |
| LSR | 用户向邻居路由器请求获取部分或者全部的链路信息 |
| LSU | 是对 LSR 的响应,即更新的 LSA 数据包 |
| LSAck | 是对 LSU 的响应 |

运行 OSPF 协议的路由器接口状态如表 4-2 所示。

表 4-2　　　　　　　　　　**运行 OSPF 协议的路由器接口状态**

| 接口状态 | 描述 |
| --- | --- |
| Down | 没有收到任何 Hello 包时 |
| Init | 收到第一个 Hello 包后 |
| 2-way | 路由器看到自己的 RID 在邻居发来的 Hello 包里后 |
| Exstart | DR/BDR 选举完成,DR other 路由器与之建立邻接关系后 |
| Exchange | 交换 LSA 来建立 LSDB 阶段 |
| Loading | 路由器通过 LSR、LSU 和 LSAck 数据包建立同步的 LSDB 阶段 |
| Full | LSA 交换完成,所有路由器建立相同的 LSDB 后 |

### 4.2.2　了解 OSPF 的区域管理

在一个规模巨大的网络中,如果每台路由器都运行 OSPF 路由协议,那么多个链路信息的学习和复杂的路由算法,势必会耗费路由器更多的内存、CPU 等资源。当网络规模扩大后,拓扑结构发生变化的概率也更大,网络会经常处于非收敛状态,不仅耗费更多的路由器资源,也影响网络的稳定性。为了减少这些不利影响,OSPF 协议提出分区域管理的办法。

OSPF 从逻辑上将一个大型网络分割成多个小型网络,这些被分割出来的小型网络就被称为区域。网络的分割是通过将路由器划分为不同的组来实现的,每个组用区域号(area ID)来标识。区域的边界是路由器,而不是链路。所以,一个网络只能属于一个区域。

划分区域后,路由器仅需要与其所在区域的其他路由器建立邻接关系和相同的 LSDB,而不需要考虑其他区域的路由器。这样,原来具有庞大规模的 LSDB 被划分为多个小型 LSDB,并在每个区域分别进行维护,从而降低了对路由器性能的要求,更有利于网络资源的利用。

OSPF 的多个区域之间并非都是平等的关系。其中一个区域是其他所有区域的枢纽,它的区域号是 0,通常被称为骨干区域。骨干区域负责汇总每个区域的链路信息和区域之间的路由,非骨干区域之间的路由信息必须通过骨干区域来转发。对此,OSPF 规定:

(1)所有非骨干区域必须与骨干区域相连,非骨干区域之间不能直接交换数据包。

(2)骨干区域自身也必须保持连通。

OSPF 根据路由器在自治系统中的不同位置,把它们分为四类,如图 4-2 所示。

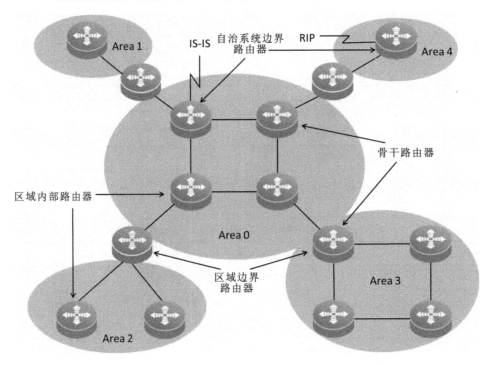

图 4-2　OSPF 区域划分及路由器类型

### 1.区域内部路由器

区域内部路由器(internal router)的所有接口都属于同一个 OSPF 区域。

### 2.区域边界路由器

区域边界路由器是连接一个或者多个区域到骨干区域的路由器,它与骨干区域之间既可以是物理连接,也可以是逻辑上的连接。

### 3.骨干路由器

骨干路由器(backbone router)是至少有一个接口属于骨干区域的路由器。因此,所有的 ABR 和位于 Area 0 的内部路由器都是骨干路由器。

### 4.自治系统边界路由器

自治系统边界路由器(autonomous system boundary router,ASBR)是与其他自治系

统交换路由信息的路由器。ASBR 并不一定位于自治系统边界,有可能是区域内部路由器,也有可能是区域边界路由器。只要一台运行 OSPF 协议的路由器引入了外部路由的信息,它就成为 ASBR。

OSPF 协议为保证区域间能够正常通信,ABR 需要向它连接的区域发送其他区域的 LSA,以实现整个自治系统内的 LSDB 同步和路由信息同步。

OSFP 协议的运行依赖各区域路由器的协作,社会的发展亦是如此,我们要齐心协力,万众一心,紧紧跟随党的步伐。2021 年 3 月 11 日,第十三届全国人民代表大会第四次会议表决通过了关于国民经济和社会发展第十四个五年规划和 2035 年远景目标纲要的决议,确定了"十四五"时期的发展目标,勾画了新发展阶段的蓝图。为顺应新时代,我们应当立足本职、乘势而上,旗帜鲜明、坚定自信,求实创新、担当实干。作为 21 世纪的新青年,我们要从身边事做起,脚踏实地,坚定理想信念,勇做时代的弄潮儿。

### 4.2.3　OSPF 的特征及配置

**1. OSPF 的特征**

(1)快速收敛。

(2)能够快速、正确处理错误路由信息。

(3)它是无类别的路由协议,支持 CIDR(classless inter-domain routing,无类别域间路由)和 VLSM。

(4)支持多条路径的负载均衡。

(5)使用组播的方式进行路由更新。

(6)支持简单口令和 MD5 认证。

(7)路由优先级为 110。

**2. OSPF 的配置**

启用 OSPF 的一般步骤如下:

(1)启动 OSPF 的进程。

Router(config)# router ospf [*process-id*]

在全局配置模式下使用 router ospf [*process-id*]可以启动 OSPF,进入该 OSPF 进程的配置模式。参数 *process-id* 是 OSPF 的进程号。路由器上可以启动多个 OSPF 进程,路由器系统通过 OSPF 进程号对这些系统进行区分。

使用 no router ospf [*process-id*]命令可以关闭指定 OSPF 进程并删除相应的配置。

示例:Router(config)# router ospf 1

(2)在 OSPF 进程中启动指定网段以及对应区域。

Router(config-router)# network *network-address wildcard-mask* area *area-id*

在路由协议配置模式下可以使用 network *network-address wildcard-mask* area *area-id* 命令在指定进程中指定运行 OSPF 协议的网段以及这个网段所在的区域。该命令可以一次配置一个或多个接口运行 OSPF 协议并且指定区域。

在路由协议配置模式下也可以使用 no network *network-address wildcard-mask* area *area-id* 命令删除指定网段以及它所在的区域。

参数 *area-id* 标识 OSPF 区域的 ID,可以是一个十进制数,也可以是一个类似 IP 地址的点分十进制数。

参数 *network-address* 指定一个网络地址;而参数 *wildcard-mask* 为反掩码(又称通配符掩码),由 32 位二进制通配符掩码的点分十进制表示。在掩码的二进制中,为 0 的位数在反掩码中为 1;在掩码中为 1 的位数,在反掩码中为 0。例如,掩码是 255.255.255.0,反掩码就是 0.0.0.255;掩码是 255.255.255.248,反掩码就是 0.0.0.7。

示例:Router(config-router)♯network 192.168.1.0 0.0.0.255 area 0

　　　Router(config-router)♯network 192.168.1.0 0.0.0.255 area 0.0.0.0

(3)其他配置命令。

①配置 RID。

Router (config-router)♯router-id *ip-address*

在路由协议配置模式下使用 router-id 可以对运行 OSPF 协议的路由器配置 RID,配置时会提示是否更改 RID 并且更新 OSPF 进程。

示例:Router (config-router)♯router-id 1.1.1.1

Change router-id and update OSPF process! [yes/no]:yes

②重启 OSPF 进程。

Router♯clear ip ospf [*process-id*] process

在特权模式下使用 clear ip ospf [*process-id*] process 可以重新启动 OSPF 指定进程,输入命令后会提示是否重启。

示例:Router♯clear ip ospf 1 process

Reset OSPF process! [yes/no]:yes

③配置 OSPF 接口优先级。

Router (config-if-GigabitEthernet 0/1)♯ip ospf priority *priority*

对于 OSPF 这类广播式网络来说,选举 DR/BDR 是路由器之间建立邻接关系时很重要的步骤。OSPF 选举 DR/BDR 通常参考默认的 dr-priority 和 cost 值。可以在接口模式下用 ip ospf priority *priority* 命令修改优先级。也可以使用 no ip ospf priority 命令恢复 OSPF 接口优先级。

示例:Router (config-if-GigabitEthernet 0/1)♯ip ospf priority 0

④配置 OSPF 接口 cost 值。

Router(config-if-GigabitEthernet 0/1)♯ip ospf cost *value*

在接口模式下使用 ip ospf cost *value* 可以直接指定 OSPF 接口的 cost 值。cost 值在 OSPF 的 DB/BDR 的选举中也发挥着重要作用。同时可以使用命令 no ip ospf cost 来恢复接口的默认 cost 值。

示例:Router(config-if-GigabitEthernet 0/1)♯ip ospf cost 100

⑤显示 OSPF 邻居信息。

Router♯show ip ospf neighbor

通过 show ip ospf neighbor 命令可以看到图 4-3 所示的 OSPF 邻居信息。

a. 邻居路由器的 Router ID；

b. 地址路由器优先级；

c. 显示路由器状态；

d. 邻居路由器的 IP 地址；

e. 与邻居路由器的接口。

图 4-3　OSPF 邻居信息图

⑥显示 OSPF 的链路状态数据库。

Router♯show ip ospf database

通过 show ip ospf database 命令可以看到图 4-4 所示的 OSPF 的链路状态数据库。

a. 本路由器 OSPF 的 Router ID；

b. 相关邻居路由器当前所属的 OSPF 区域；

c. 路由器链路状态数据库所包含的链路状态信息；

d. 链路状态发布者；

e. LSA 报文所携带的序号。

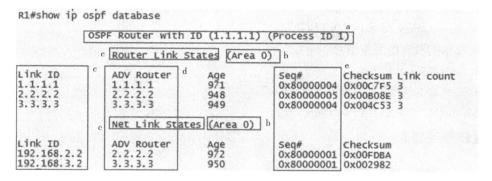

图 4-4　OSPF 链路状态数据库信息图

⑦显示 OSPF 的路由信息。

Router♯show ip route ospf

通过 show ip route ospf 命令可以看到关于运行 OSPF 协议部分的路由信息，如图 4-5 所示。

a. 路由类型；

b. 目标网段；

c. 路由优先级和路由开销；

d. 下一跳地址；

e. 路由表项已持续时间；

f. 出接口。

```
R1#show ip route ospf
Codes: L - local, C - connected, S - static, R - RIP, M - mobile, B - BGP
       D - EIGRP, EX - EIGRP external, O - OSPF, IA - OSPF inter area
       N1 - OSPF NSSA external type 1, N2 - OSPF NSSA external type 2
       E1 - OSPF external type 1, E2 - OSPF external type 2
       i - IS-IS, su - IS-IS summary, L1 - IS-IS level-1, L2 - IS-IS level-2
       ia - IS-IS inter area, * - candidate default, U - per-user static route
       o - ODR, P - periodic downloaded static route, H - NHRP, l - LISP
       a - application route
       + - replicated route, % - next hop override

Gateway of last resort is not set

      2.0.0.0/32 is subnetted, 1 subnets
O        2.2.2.2 [110/2] via 192.168.2.2, 00:32:43, FastEthernet0/0
      3.0.0.0/32 is subnetted, 1 subnets
O        3.3.3.3 [110/3] via 192.168.2.2, 00:32:19, FastEthernet0/0            f
O a   192.168.3.0/24 [110/2] via 192.168.2.2, 00:32:19, FastEthernet0/0
O     192.168.4.0/24 b [110/3] c via 192.168.2.2, d 00:32:19, e FastEthernet0/0
```

图 4-5　OSPF 路由信息图

⑧其他 OSPF 显示命令。

a. 显示启动 OSPF 的接口信息。

Router＃show ip ospf interface

b. 显示启动 OSPF 的某个接口信息。

Router＃show ip ospf interface *type integer*

c. 显示启动 OSPF 的接口汇总信息。

Router＃show ip ospf interface brief

d. 显示 OSPF 的进程信息。

Router＃show ip ospf *INTEGER＜1—16635＞*

e. 显示 OSPF 的完整信息。

Router＃show ip ospf

f. 显示到达 ABR 和 ASBR 的 OSPF 路由表。

Router＃show ip ospf border-routers

## 【任务实施】

# 4.3　单区域 OSPF 的基本配置实训

**1. 实训目标**

(1)了解 OSPF 的运行机制。

(2)掌握 OSPF 单区域的配置方法。

**2. 实训环境**

配置 OSPF 拓扑图如图 4-6 所示。

**3. 实训要求**

完成所有设备的基本配置,应用 OSPF 路由协议使网络之间能够连通。

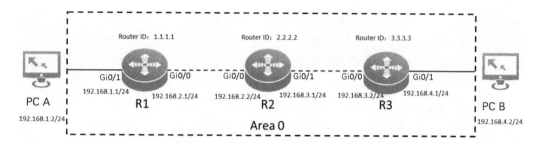

图 4-6　配置 OSPF 拓扑图(一)

## 4. 实训步骤

配置各个路由器端口的 IP 地址,网络结构如图 4-6 所示。

```
R1(config)#interface GigabitEthernet 0/1
R1(config-if-GigabitEthernet 0/1)#ip address 192.168.1.1 255.255.255.0
R1(config-if-GigabitEthernet 0/1)#no shutdown
R1(config-if-GigabitEthernet 0/1)#exit
R1(config)#interface GigabitEthernet 0/0
R1(config-if-GigabitEthernet 0/0)#ip address 192.168.2.1 255.255.255.0
R1(config-if-GigabitEthernet 0/0)#no shutdown
R1(config-if-GigabitEthernet 0/0)#exit
R1(config)#interface Loopback 0
R1(config-if-Loopback 0)#ip address 1.1.1.1 255.255.255.255
R1(config-if-Loopback 0)#exit

R2(config)#interface GigabitEthernet 0/0
R2(config-if-GigabitEthernet 0/0)#ip address 192.168.2.2 255.255.255.0
R2(config-if-GigabitEthernet 0/0)#no shutdown
R2(config-if-GigabitEthernet 0/0)#exit
R2(config)#interface GigabitEthernet 0/1
R2(config-if-GigabitEthernet 0/1)#ip address 192.168.3.1 255.255.255.0
R2(config-if-GigabitEthernet 0/1)#no shutdown
R2(config-if-GigabitEthernet 0/1)#exit
R2(config)# interface Loopback 0
R2(config-if-Loopback 0)#ip address 2.2.2.2 255.255.255.255
R2(config-if-Loopback 0)#exit

R3(config)#interface GigabitEthernet 0/0
R3(config-if-GigabitEthernet 0/0)#ip address 192.168.3.2 255.255.255.0
R3(config-if-GigabitEthernet 0/0)#no shutdown
```

```
R3(config-if-GigabitEthernet 0/0)♯exit
R3(config)♯interface GigabitEthernet 0/1
R3(config-if-GigabitEthernet 0/1)♯ip address 192.168.4.1 255.255.255.0
R3(config-if-GigabitEthernet 0/1)♯no shutdown
R3(config-if-GigabitEthernet 0/1)♯exit
R3(config)♯interface Loopback 0
R3(config-if-Loopback 0)♯ip address 3.3.3.3 255.255.255.255
R3(config-if-Loopback 0)♯exit
```

在路由器上配置 OSPF。

```
R1(config)♯router ospf 1
R1(config-router)♯router-id 1.1.1.1
R1(config-router)♯network 1.1.1.1 0.0.0.0 area 0
R1(config-router)♯network 192.168.1.0 0.0.0.255 area 0
R1(config-router)♯network 192.168.2.0 0.0.0.255 area 0
R1(config-router)♯exit

R2(config)♯router ospf 1
R2(config-router)♯router-id 2.2.2.2
R2(config-router)♯network 2.2.2.2 0.0.0.0 area 0
R2(config-router)♯network 192.168.2.0 0.0.0.255 area 0
R2(config-router)♯network 192.168.3.0 0.0.0.255 area 0
R2(config-router)♯exit

R3(config)♯router ospf 1
R3(config-router)♯router-id 3.3.3.3
R3(config-router)♯network 3.3.3.3 0.0.0.0 area 0
R3(config-router)♯network 192.168.3.0 0.0.0.255 area 0
R3(config-router)♯network 192.168.4.0 0.0.0.255 area 0
R3(config-router)♯exit
```

**5. 实训调试**

(1)使用 show ip ospf neighbor 命令查看 R2 上 OSPF 的邻居状态。

```
R2♯show ip ospf neighbor


Neighbor ID    Pri    State        Dead Time    Address        Interface
1.1.1.1         1    FULL/DR      00:00:36     192.168.2.1    GigabitEthernet0/0
3.3.3.3         1    FULL/BDR     00:00:33     192.168.3.2    GigabitEthernet0/1
```

　　R2 和 R1(RID:1.1.1.1)、R3(RID:3.3.3.3)成功建立了邻接关系。同时,邻居状态为 Full/DR、Full/BDR,说明 R2 和 R1、R3 的链接状态数据库已经同步。

　　(2)使用 show ip route ospf 命令查看 OSPF 路由信息表。

```
R2♯show ip route ospf
        1.0.0.0/32      is subnetted,1 subnets
O       1.1.1.1 [110/2]         via 192.168.2.1,00:06:58,GigabitEthernet0/0
        3.0.0.0/32      is subnetted,1 subnets
O       3.3.3.3 [110/2]         via 192.168.3.2,00:05:46,GigabitEthernet0/1
O       192.168.1.0 [110/2]     via 192.168.2.1,00:06:58,GigabitEthernet0/0
O       192.168.4.0 [110/2]     via 192.168.3.2,00:05:46,GigabitEthernet0/1
```

　　(3)在 PC A 上使用 Ping 命令对 PC B 进行路由连通性测试(PC B 的 IP 地址:192.168.4.2)。

```
PCA>ping 192.168.4.2

Pinging 192.168.4.2 with 32 bytes of data:

Reply from 192.168.4.2:bytes=32 time<1ms TTL=125
Reply from 192.168.4.2:bytes=32 time<1ms TTL=125
Reply from 192.168.4.2:bytes=32 time<1ms TTL=125
Reply from 192.168.4.2:bytes=32 time=18ms TTL=125

Ping statistics for 192.168.4.2:
    Packets:Sent = 4,Received = 4,Lost = 0 (0% loss),
Approximate round trip times in milli-seconds:
    Minimum = 0ms,Maximum = 18ms,Average = 4ms
```

　　(4)在 PC B 上使用 Ping 命令对 PC A 进行路由连通性测试(PC A 的 IP 地址:192.168.1.2)。

```
PCB>ping 192.168.1.2

Pinging 192.168.1.2 with 32 bytes of data:

Reply from 192.168.1.2: bytes=32 time<1ms TTL=125
Reply from 192.168.1.2: bytes=32 time<1ms TTL=125
Reply from 192.168.1.2: bytes=32 time<1ms TTL=125
Reply from 192.168.1.2: bytes=32 time<1ms TTL=125

Ping statistics for 192.168.1.2:
    Packets: Sent = 4, Received = 4, Lost = 0 (0% loss),
Approximate round trip times in milli-seconds:
    Minimum = 0ms, Maximum = 0ms, Average = 0ms
```

# 4.4 单区域 OSPF 加强实训

## 1. 实训目标

(1)了解 OSPF 的运行机制。

(2)掌握 OSPF 单区域的配置方法。

(3)掌握运用 OSPF 实现负载均衡和路由备份的方法。

## 2. 实训环境

配置 OSPF 拓扑图如图 4-7 所示。

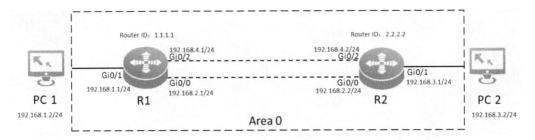

图 4-7　配置 OSPF 拓扑图(二)

## 3. 实训要求

完成所有设备的基本配置,应用 OSPF 路由协议使网络之间能够连通。

## 4. 实训步骤

配置各个路由器端口的 IP 地址,网络结构如图 4-7 所示。

```
R1(config)#interface GigabitEthernet 0/1
R1(config-if-GigabitEthernet 0/1)#ip address 192.168.1.1 255.255.255.0
R1(config-if-GigabitEthernet 0/1)#no shutdown
R1(config-if-GigabitEthernet 0/1)#exit
R1(config)#interface GigabitEthernet 0/0
R1(config-if-GigabitEthernet 0/0)#ip address 192.168.2.1 255.255.255.0
R1(config-if-GigabitEthernet 0/0)#no shutdown
R1(config-if-GigabitEthernet 0/0)#exit
R1(config)#interface GigabitEthernet 0/2
R1(config-if-GigabitEthernet 0/2)#ip address 192.168.4.1 255.255.255.0
R1(config-if-GigabitEthernet 0/2)#no shutdown
R1(config-if-GigabitEthernet 0/2)#exit
R1(config)#interface Loopback 0
R1(config-if-Loopback 0)#ip address 1.1.1.1 255.255.255.255
R1(config-if-Loopback 0)#exit

R2(config)#interface GigabitEthernet 0/1
R2(config-if-GigabitEthernet 0/1)#ip address 192.168.3.1 255.255.255.0
R2(config-if-GigabitEthernet 0/1)#no shutdown
R2(config-if-GigabitEthernet 0/1)#exit
R2(config)#interface GigabitEthernet 0/0
R2(config-if-GigabitEthernet 0/0)#ip address 192.168.2.2 255.255.255.0
R2(config-if-GigabitEthernet 0/0)#no shutdown
R2(config-if-GigabitEthernet 0/0)#exit
R2(config)#interface GigabitEthernet 0/2
R2(config-if-GigabitEthernet 0/2)#ip address 192.168.4.2 255.255.255.0
R2(config-if-GigabitEthernet 0/2)#no shutdown
R2(config-if-GigabitEthernet 0/2)#exit
R2(config)#interface Loopback 0
R2(config-if-Loopback 0)#ip address 2.2.2.2 255.255.255.255
R2(config-if-Loopback 0)#exit
```

在路由器上配置 OSPF。

```
R1(config)#router ospf 1
R1(config-router)#router-id 1.1.1.1
R1(config-router)#network 1.1.1.1 0.0.0.0 area 0
R1(config-router)#network 192.168.1.0 0.0.0.255 area 0
R1(config-router)#network 192.168.2.0 0.0.0.255 area 0
R1(config-router)#network 192.168.4.0 0.0.0.255 area 0
R1(config-router)#exit

R2(config)#router ospf 1
R2(config-router)#router-id 2.2.2.2
R2(config-router)#network 2.2.2.2 0.0.0.0 area 0
R2(config-router)#network 192.168.2.0 0.0.0.255 area 0
R2(config-router)#network 192.168.3.0 0.0.0.255 area 0
R2(config-router)#network 192.168.4.0 0.0.0.255 area 0
R2(config-router)#exit
```

**5.实训调试**

（1）在 R1 上使用 show ip ospf neighbor 命令查看 OSPF 的邻居状态。

```
R1#show ip ospf neighbor
Neighbor ID    Pri    State      Dead Time    Address        Interface
2.2.2.2         1     FULL/BDR   00:00:39     192.168.2.2    GigabitEthernet0/0
2.2.2.2         1     FULL/BDR   00:00:33     192.168.4.2    GigabitEthernet0/2
```

R1 与端口 IP 地址为 192.168.2.2 和 192.168.4.2 的 R2（RID：2.2.2.2）成功建立了两条邻接关系。同时,邻居状态为 Full/BDR,说明 R1 和 R2 的链接状态数据库已经同步。

（2）在 R1 上,使用 show ip route ospf 命令查看 OSPF 路由信息表。

```
R1#show ip route ospf
        2.0.0.0/32 is subnetted, 1 subnets
O    2.2.2.2 [110/2]        via 192.168.2.2, 00:05:46, GigabitEthernet0/0
            [110/2]         via 192.168.4.2, 00:05:46, GigabitEthernet0/2
O 192.168.3.0 [110/2]       via 192.168.2.2, 00:05:46, GigabitEthernet0/0
            [110/2]         via 192.168.4.2, 00:05:46, GigabitEthernet0/2
```

在 R1 的 OSPF 路由表上可以看到 192.168.3.0/24 网段的路由有两条,这两条路由分别由不同的邻居 192.168.2.2 和 192.168.4.2 发布,但是它们的 cost 值是相同的。在 R2 上也可以执行相同的操作查看相关信息。

在对等路由中,我们可以通过修改 cost 值和接口优先级来更改 OSPF 的路由选择。

(3)修改路由器的接口开销,在 R1 上将 Gi0/0 接口上的 cost 值增加到 100。

```
R1(config)#interface GigabitEthernet 0/0
R1(config-if-GigabitEthernet 0/0)#ip ospf cost 100
```

(4)使用 show ip route ospf 命令查看 OSPF 路由信息表。

```
R1#show ip route ospf
2.0.0.0/32    is subnetted, 1 subnets
O 2.2.2.2    [110/2]      via 192.168.4.2, 00:00:26, GigabitEthernet0/2
O 192.168.3.0 [110/2]    via 192.168.4.2, 00:00:26, GigabitEthernet0/2
```

由于 R1 的 Gi0/0(IP 地址:192.168.2.1)接口的 cost 值为 100,大于 R1 的 Gi0/2(IP 地址:192.168.4.1)接口,因此发布到路由邻居 R2 的路由优先通过 Gi0/2(IP 地址:192.168.4.1)。

(5)修改路由器接口优先级,在 R2 上将 Gi0/0 的接口优先级改为 0。

```
R2(config)#interface GigabitEthernet 0/0
R2(config-if-GigabitEthernet 0/0)#ip ospf priority 0
```

(6)重启 OSPF 进程。

```
R2#clear ip ospf 1 process
Reset OSPF process! [yes/no]:yes
```

(7)在 R1 上使用 show ip ospf neighbor 命令查看 OSPF 的邻居信息。

```
R1#show ip ospf neighbor
Neighbor ID  Pri   State        Dead Time   Address       Interface
2.2.2.2      0     FULL/DROTHER 00:00:35    192.168.2.2   GigabitEthernet0/0
2.2.2.2      1     FULL/DR      00:00:39    192.168.4.2   GigabitEthernet0/2
```

由于 R2 的 Gi0/0(IP 地址:192.168.2.2)的接口优先级为 0,不具备 DR/BDR 选举权,因此 R2 的 Gi0/2 成了这个区域网段的 DR。

# 4.5 多区域 OSPF 的基本配置实训

## 1. 实训目标

(1)了解 OSPF 的运行机制。

(2)掌握 OSPF 多区域的配置方法。

## 2. 实训环境

配置 OSPF 拓扑图如图 4-8 所示。

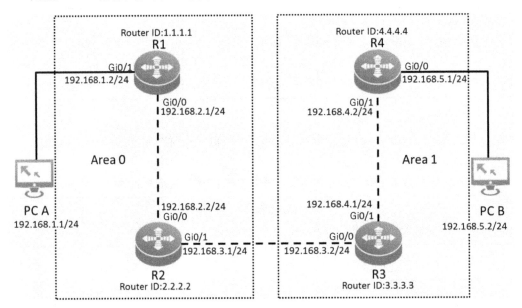

图 4-8 配置 OSPF 拓扑图（三）

## 3. 实训要求

完成所有设备的基本配置,应用 OSPF 路由协议使网络之间能够连通。

## 4. 实训步骤

配置各个路由器端口的 IP 地址和 OSPF 等基本配置,网络结构如图 4-8 所示。

```
R1(config)#interface GigabitEthernet 0/1
R1(config-if-GigabitEthernet 0/1)#ip address 192.168.1.2 255.255.255.0
R1(config-if-GigabitEthernet 0/1)#no shutdown
R1(config-if-GigabitEthernet 0/1)#exit
R1(config)#interface GigabitEthernet 0/0
R1(config-if-GigabitEthernet 0/0)#ip address 192.168.2.1 255.255.255.0
R1(config-if-GigabitEthernet 0/0)#no shutdown
R1(config-if-GigabitEthernet 0/0)#exit
```

```
R1(config)♯interface Loopback 0
R1(config-if-Loopback 0)♯ip address 1.1.1.1 255.255.255.255
R1(config-if-Loopback 0)♯exit
R1(config)♯router ospf 1
R1(config-router)♯router-id 1.1.1.1
R1(config-router)♯network 1.1.1.1 0.0.0.0 area 0
R1(config-router)♯network 192.168.1.0 0.0.0.255 area 0
R1(config-router)♯network 192.168.2.0 0.0.0.255 area 0
R1(config-router)♯exit

R2(config)♯interface GigabitEthernet 0/0
R2(config-if-GigabitEthernet 0/0)♯ip address 192.168.2.2 255.255.255.0
R2(config-if-GigabitEthernet 0/0)♯no shutdown
R2(config-if-GigabitEthernet 0/0)♯exit
R2(config)♯interface GigabitEthernet 0/1
R2(config-if-GigabitEthernet 0/1)♯ip address 192.168.3.1 255.255.255.0
R2(config-if-GigabitEthernet 0/1)♯no shutdown
R2(config-if-GigabitEthernet 0/1)♯exit
R2(config)♯interface Loopback 0
R2(config-if-Loopback 0)♯ip address 2.2.2.2 255.255.255.255
R2(config-if-Loopback 0)♯exit
R2(config)♯router ospf 1
R2(config-router)♯router-id 2.2.2.2
R2(config-router)♯network 2.2.2.2 0.0.0.0 area 0
R2(config-router)♯network 192.168.2.0 0.0.0.255 area 0
R2(config-router)♯network 192.168.3.0 0.0.0.255 area 1
R2(config-router)♯exit

R3(config)♯interface GigabitEthernet 0/0
R3(config-if-GigabitEthernet 0/0)♯ip address 192.168.3.2 255.255.255.0
R3(config-if-GigabitEthernet 0/0)♯no shutdown
R3(config-if-GigabitEthernet 0/0)♯exit
R3(config)♯interface GigabitEthernet 0/1
R3(config-if-GigabitEthernet 0/1)♯ip address 192.168.4.1 255.255.255.0
R3(config-if-GigabitEthernet 0/1)♯no shutdown
R3(config-if-GigabitEthernet 0/1)♯exit
R3(config)♯interface Loopback 0
```

```
R3(config-if-Loopback 0)♯ip address 3.3.3.3 255.255.255.255
R3(config-if-Loopback 0)♯exit
R3(config)♯router ospf 1
R3(config-router)♯router-id 3.3.3.3
R3(config-router)♯network 3.3.3.3 0.0.0.0 area 1
R3(config-router)♯network 192.168.3.0 0.0.0.255 area 1
R3(config-router)♯network 192.168.4.0 0.0.0.255 area 1
R3(config-router)♯exit

R4(config)♯interface GigabitEthernet 0/1
R4(config-if-GigabitEthernet 0/1)♯ip address 192.168.4.2 255.255.255.0
R4(config-if-GigabitEthernet 0/1)♯no shutdown
R4(config-if-GigabitEthernet 0/1)♯exit
R4(config)♯interface GigabitEthernet 0/0
R4(config-if-GigabitEthernet 0/0)♯ip address 192.168.5.1 255.255.255.0
R4(config-if-GigabitEthernet 0/0)♯no shutdown
R4(config-if-GigabitEthernet 0/0)♯exit
R4(config)♯interface Loopback 0
R4(config-if-Loopback 0)♯ip address 4.4.4.4 255.255.255.255
R4(config-if-Loopback 0)♯exit
R4(config)♯router ospf 1
R4(config-router)♯router-id 4.4.4.4
R4(config-router)♯network 4.4.4.4 0.0.0.0 area 1
R4(config-router)♯network 192.168.4.0 0.0.0.255 area 1
R4(config-router)♯network 192.168.5.0 0.0.0.255 area 1
R4(config-router)♯exit
```

在 R2 上使用 show ip ospf neighbor 命令查看 OSPF 的邻居状态。

```
R2♯show ip ospf neighbor
Neighbor ID    Pri    State       Dead Time    Address        Interface
1.1.1.1         1     FULL/DR     00:00:30     192.168.2.1    GigabitEthernet0/0
3.3.3.3         1     FULL/BDR    00:00:30     192.168.3.2    GigabitEthernet0/1
```

从路由邻居表中可以看出，R2 与 R1(RID:1.1.1.1)建立了邻接关系，该邻居所属网段为 192.168.2.0/24。R2 也与 R3(RID:3.3.3.3)建立了邻接关系，该邻居所属网段为 192.168.3.0/24。

在 R2 上使用 show ip route ospf 命令查看 OSPF 路由表。

```
R2♯show ip route ospf
      1.0.0.0/32 is subnetted, 1 subnets
O          1.1.1.1 [110/2] via 192.168.2.1, 00:11:53, GigabitEthernet0/0
      3.0.0.0/32 is subnetted, 1 subnets
O          3.3.3.3 [110/2] via 192.168.3.2, 00:07:46, GigabitEthernet0/1
      4.0.0.0/32 is subnetted, 1 subnets
O          4.4.4.4 [110/3] via 192.168.3.2, 00:04:20, GigabitEthernet0/1
O      192.168.1.0 [110/2] via 192.168.2.1, 00:11:53, GigabitEthernet0/0
O      192.168.4.0 [110/2] via 192.168.3.2, 00:04:30, GigabitEthernet0/1
O      192.168.5.0 [110/3] via 192.168.3.2, 00:04:20, GigabitEthernet0/1
```

从 R2 的 OSPF 路由表中可以看到 R2 有需要通过 OSPF 来转发数据包的路由表项。

在 PC A 上使用 Ping 命令对 PC B 进行路由连通性测试(PC B 的 IP 地址:192.168. 5.2)。

```
PCA>ping 192.168.5.2

Pinging 192.168.5.2 with 32 bytes of data:

Reply from 192.168.5.2: bytes=32 time<1ms TTL=124
Reply from 192.168.5.2: bytes=32 time<1ms TTL=124
Reply from 192.168.5.2: bytes=32 time<1ms TTL=124
Reply from 192.168.5.2: bytes=32 time<1ms TTL=124

Ping statistics for 192.168.5.2:
Packets: Sent = 4, Received = 4, Lost = 0 (0% loss),
Approximate round trip times in milli-seconds:
Minimum = 0ms, Maximum = 0ms, Average = 0ms
```

在 PC B 上使用 Ping 命令对 PC A 进行路由连通性测试(PC A 的 IP 地址:192.168. 1.1)。

```
PCB>ping 192.168.1.1

Pinging 192.168.1.1 with 32 bytes of data:

Reply from 192.168.1.1: bytes=32 time<1ms TTL=124
Reply from 192.168.1.1: bytes=32 time<1ms TTL=124
```

```
Reply from 192.168.1.1: bytes=32 time<1ms TTL=124
Reply from 192.168.1.1: bytes=32 time<1ms TTL=124


Ping statistics for 192.168.1.1:
Packets: Sent = 4, Received = 4, Lost = 0 (0% loss),
Approximate round trip times in milli-seconds:
Minimum = 0ms, Maximum = 0ms, Average = 0ms
```

## 【任务小结】

OSPF 是链路状态路由协议，使用 SPF 算法计算最短路径，快速收敛，能够快速、正确处理错误路由信息，是无类别的路由协议，支持 CIDR 和 VLSM；支持多条路径的负载均衡；使用组播的方式进行路由更新；支持简单口令和 MD5 认证；路由优先级为 110，所有的特征保证了 OSPF 能够被应用于中大型的网络环境中。本任务主要介绍 OSPF 的特征及工作原理、单区域和多区域 OSPF 的配置等内容。

OSPF 命令如表 4-3 所示。

表 4-3                                      **OSPF 命令**

| 操作 | 命令 |
|---|---|
| 配置 router ID | router-id *ip-address* |
| 启动 OSPF 进程 | router ospf *ospf-id* |
| 指定网段接口启动 OSPF 和配置区域 | network *network-address wildcard-mask* area *area-id* |
| 配置 OSPF 接口优先级 | ip ospf priority *priority* |
| 配置 OSPF 接口 cost 值 | ip ospf cost *value* |
| 查看 OSPF 邻居信息 | show ip ospf neighbor |
| 查看 OSPF 路由表 | show ip route ospf |

## 【任务拓展】

### 1. 填空题

(1)在一台运行 OSPF 协议的路由器的 Gi0/0 接口上做了如下配置：

Router(config-if-GigabitEthernet 0/0)#ip ospf cost 2

那么此配置命令的功能是_____。

(2)通过_____命令可以查看路由器的 OSPF 邻居关系。

(3)通过_____命令可以查看路由器的 OSPF 路由情况。

(4)在路由器上要查看路由表的综合信息，如总路由数量、RIP 路由数量、OSPF 路由数量、激活路由数量等，可以使用_____命令。

(5)在一台路由器的路由表中，可能有_____三种类型的路由。

(6)IP 地址 202.135.111.77 对应的自然分类网段的广播地址为_____。

(7)IP 地址 10.0.10.32 和掩码 255.255.255.224 代表的是一个_____。

(8)Ping 实际上是基于＿＿＿＿＿＿＿协议开发的应用程序。

(9)TCP 协议通过＿＿＿＿＿＿＿来区分不同的连接。

**2. 选择题(选择一项或多项)**

(1)客户要在路由器上配置两条去往同一目的地址的静态路由,实现互为备份的目的。那么,关于这两条路由的配置说法正确的是( )。

A. 需要为两条路由配置不同的路由优先级(Preference)

B. 需要为两条路由配置不同的接口优先级(Priority)

C. 需要为两条路由配置不同的接口开销(Cost)

D. 需要为两条路由配置不同的多出口区分值(MED)

(2)某路由协议是链路状态路由协议,那么,此路由协议应该具有的特性有( )。

A. 该路由协议关心网络中链路或接口的状态

B. 运行该路由协议的路由器会根据收集到的链路状态信息形成一个包含各个目的网段的加权有向图

C. 该路由协议算法可以有效防止环路的出现

D. 该路由协议周期性发送更新消息交换路由表

(3)下列关于网络中 OSPF 的区域说法正确的是( )。

A. 网络中的一台路由器可能属于多个不同的区域,但是其中必须有一个区域是骨干区域

B. 网络中的一台路由器可能属于多个不同的区域,但是这些区域可能都不是骨干区域

C. 只有在同一个区域的 OSPF 路由器才能建立邻接关系

D. 在同一个自治区域(AS)内多个 OSPF 区域的路由器共享相同的 LSDB

(4)两台空配置的路由器 RT A 和 RT B 通过各自的 Gi0/0 接口背靠背互连,其互连网段为 192.168.1.0/30,正确配置 IP 地址后,两台路由器的 Gi0/0 接口可以互通。如今分别在两台路由器上增加如下 OSPF 配置:

router ospf 1

network 192.168.1.0 0.0.0.3 area 0.0.0.1

那么下列说法正确的是( )。

A. 没有配置 RID,两台路由器之间不能建立稳定的 OSPF 邻接关系

B. 没有配置 Area 0,两台路由器之间不能建立稳定的 OSPF 邻接关系

C. 其中一台路由器的路由表中会出现一条 OSPF 路由

D. 两台路由器之间可以建立稳定的 OSPF 邻接关系,但是 RT A 和 RT B 的路由表中都没有 OSPF 路由

(5)两台空配置的路由器 R1 和 R2 通过各自的 Gi0/0 接口直连,R1 和 R2 的接口 Gi0/0 上 IP 地址分别为 10.1.1.1/24 和 10.1.1.2/24,两个 Gi0/0 接口之间具有 IP 可达性。在两台路由器上分别添加了如下 OSPF 配置:

R1(config-router)♯network 10.1.1.0 0.0.0.255 area 0.0.0.255

R2(config-router)♯network 10.1.1.0 0.255.255.255 area 255

那么,关于上述配置描述正确的是(　　　)。

A. R1 上的命令 network 10.1.1.0 0.0.0.255 表示在该路由器的 Gi0/0 接口启动 OSPF 并加入相应区域

B. R2 上的命令 network 10.1.1.0 0.255.255.255 表示不能在该路由器的 Gi0/0 接口启动 OSPF

C. 两台路由器的 OSPF 接口都属于 OSPF 区域 255

D. 两台路由器的 OSPF 接口不属于同一个 OSPF 区域,其中一台路由器的 OSPF 区域配置错误

(6)两台路由器通过 OSPF 实现动态路由学习,在其中一台路由器 R1 上有三个接口,IP 地址分别为 192.168.8.1/24、192.168.13.254/24 和 192.168.29.128/24,那么,要通过一条 network 命令在这三个接口上启动 OSPF,下列配置可行的是(　　　)。

A. R1(config-router)♯network 192.168.1.0 0.0.255.255 area 0

B. R1(config-router)♯network 192.168.1.0 0.0.32.255 area 0

C. R1(config-router)♯network 192.168.1.0 0.0.63.255 area 0

D. R1(config-router)♯network 192.168.1.0 0.0.128.255 area 0

(7)两台空配置的路由器 R1、R2 通过各自的 Gi0/0 互连,其 IP 地址分别为 192.168.1.2/30 和 192.168.1.1/30。在两台路由器上都增加如下配置:

R1(config-router)♯network 192.168.1.0 0.0.0.3 area 0

R2(config-router)♯network 192.168.1.0 0.0.0.3 area 0

两台路由器的 OSPF RID 分别为各自的 Gi0/0 接口地址,两台路由器上没有其他任何配置。那么,要确保 R1 在下次选举中成为 OSPF DR,还需要添加的配置是(　　　)。

A. 在 R1 上配置:R1(config-if-GigabitEthernet 0/0)♯ip ospf priority 255

B. 在 R2 上配置:R2(config-if-GigabitEthernet 0/0)♯ip ospf priority 0

C. 在 R1 上配置:R1(config-router)♯default-metric 255

D. 在 R2 上配置:R2(config-router)♯default-metric 0

(8)客户的路由器通过 S0/0 接口连接运营商网络,通过 Gi1/0 接口连接内部网络。目前网络运行正常,客户可以通过路由器正常访问 Internet 和 Intranet 所有业务。现在在 R1 上添加了如下配置:

ip access-list extended 2002

5 deny tcp any any

interface Serial 0/0

encapsulation PPP

interface GigabitEthernet 1/0

ip access-group 2002 in

ip access-group 2002 out

那么可能不受影响的应用是(　　　)。

A. 和运营商之间通过 RIP 学习路由

B. 和运营商之间通过 OSPF 学习路由

C. 和运营商之间通过 BGP 学习路由

D. 访问位于上海的信息技术网站

（9）一台空配置路由器 R1 分别通过接口 Gi0/0、Gi1/0 连接两台运行在 OSPF Area 0 的路由器 R2 和 R3。R1 的接口 Gi0/0 和 Gi1/0 的 IP 地址分别为 192.168.3.2/24 和 192.168.4.2/24。在 R1 上添加如下配置：

R1(config-router)♯network 192.168.0.0 0.0.3.255 area 0

R1(config-if-GigabitEthernet 0/0)♯ip ospf cost 2

R1(config-if-GigabitEthernet 1/0)♯ip ospf priority 0

那么,关于上述配置以下说法正确的是（　　　）。

A. 该配置在 R1 的 Gi0/0、Gi1/0 接口上都启动了 OSPF

B. 该配置只在 R1 的 Gi0/0 接口上启动了 OSPF

C. R1 可能成为两个 Gi 接口所在网段的 DR

D. R1 只可能成为其中一个 Gi 接口所在网段的 DR

E. 修改接口 Gi0/0 的 cost 值不影响 OSPF 邻接关系的建立

**3. 综合题**

网络结构如图 4-9 所示,由四台路由器（R1、R2、R3、R4）和四台终端设备（PC A、PC B、PC C、PC D)构成。按要求完成 OSPF 综合实训任务。

使用 OSPF 来完成各个网段之间的路由,并自行划分 OSPF 区域。在所有路由畅通后,终端设备 PC A、PC B、PC C、PC D 之间能够互相通信。

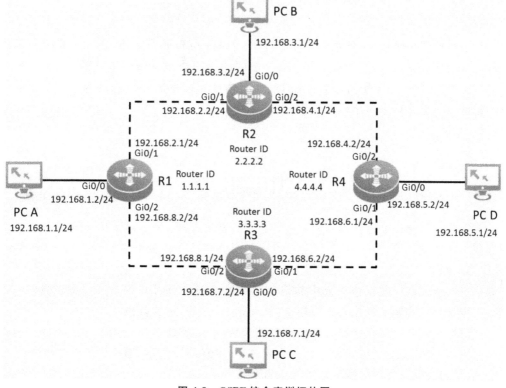

**图 4-9　OSPF 综合实训拓扑图**

# 任务 5  用访问控制列表限制计算机访问

## 【知识目标】

❖ 了解标准访问控制列表。

❖ 了解扩展访问控制列表。

❖ 掌握用命令配置访问控制列表。

## 【能力目标】

❖ 能够熟练地使用命令配置访问控制列表。

❖ 能够在不同的场景下使用合适的访问控制列表。

## 【素质目标】

❖ 具有社会公德意识和社会责任感。

❖ 树立法制观念,增强法律意识。

## 【任务描述】

某公司规模扩张后,由信息中心统一负责网络规划和维护工作,在保证全公司网络正常运行的情况下,还需要根据公司的安全制度,限制部门之间的访问权限,如其他部门不能访问财务部的 FTP 服务器,上班时间所有内部员工不能访问外网等。网络工程师需要制订具体的策略来满足以上要求。

## 【知识储备】

# 5.1  认识访问控制列表

随着企业网络规模的发展,对网络安全性的要求提高,路由器不但需要具备发现和到达网络路径的功能,还需要具备控制访问的能力。访问控制列表(access control list, ACL)是一种被广泛使用的网络安全技术。访问控制列表使用包过滤技术,在路由器上读取第三层及第四层数据包头部中的信息如源地址、目的地址、源端口、目的端口等,根据预先定义好的规则对数据包进行过滤,从而达到访问控制的目的。

当路由器或者交换机的某接口收到数据包后,会根据此接口应用的访问控制列表对数据包进行分析,根据访问控制列表中设定的策略允许或者拒绝响应的数据包通过。

### 5.1.1 访问控制列表的分类

访问控制列表根据其应用目的可分为以下几类：

(1)标准访问控制列表，只根据数据包的源 IP 地址制定规则。

(2)扩展访问控制列表，基于目标地址、源地址和网络协议及其端口的数据包过滤。

(3)二层访问控制列表，基于源 MAC 地址、目标 MAC 地址、VLAN 优先级、二层协议类型等二层信息进行数据包过滤。

(4)专家访问控制列表，可由用户自定义，以数据报文的报文头、IP 头等为基准，从用户指定字节开始与掩码进行比较，找到匹配数据进行数据过滤。

所有访问控制列表利用数字序号进行分类，具体分类见表 5-1。

表 5-1 访问控制列表分类

| 访问控制列表分类 | 数字序号范围 |
| --- | --- |
| 标准访问控制列表 | 1~99,1300~1999 |
| 扩展访问控制列表 | 100~199,2000~2699 |
| 二层访问控制列表 | 700~799 |
| 专家访问控制列表 | 2700~2899 |

标准 ACL 只根据数据包的源 IP 地址制定规则，比较适用于限制来自源地址的整个数据包通信的场合。如图 5-1 所示，假定服务器 Server 拒绝来自 10.1.1.0/24 网络中的用户访问，而允许来自 20.1.1.0/24 网络中的用户访问，那么可以通过定义标准 ACL 来实现，其中包含两条规则，一条规则匹配源 IP 地址 10.1.1.0/24，动作是 deny；另一条规则匹配源 IP 地址 20.1.1.0/24，动作是 permit。

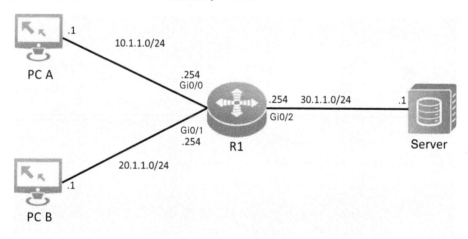

**图 5-1 ACL 示意图**

扩展 ACL 可以根据数据包的源 IP 地址、目的 IP 地址、协议类型等信息来制定规则，比较适用于限定数据包某些具体应用的场合。如图 5-1 所示，假定服务器 Server 拒绝来自 10.1.1.0/24 网络中的用户访问其 Web 服务,而允许来自 20.1.1.0/24 网络中的用户 Ping 通,那么可以通过扩展 ACL 来实现,其中包含两条规则,一条规则匹配源 IP 地址 10.1.1.0/24,目标 IP 地址 30.1.1.1/32,目标协议类型为 TCP,端口号为 80,动作是 deny;另一条规则匹配源 IP 地址 20.1.1.0/24,目标 IP 地址 30.1.1.1/32,协议类型为 ICMP,动作是 permit。

　　二层 ACL 根据数据帧的源 MAC 地址、目的 MAC 地址等信息来制定规则。例如, 规则允许源 MAC 地址是 1111.1111.1111 0000.0000.000f,即允许源 MAC 是 1111. 1111.1110～1111.1111.111f 的数据包通过,这个和 MAC 地址反掩码和 IP 反掩码是一样的,0 就是匹配,f 就是不需要匹配,所以这里对 MAC 地址最后一位没有规定。

　　专家 ACL 是锐捷设备里功能最强大的一种 ACL,可以限制 TCP/IP 模型中各层的 数据。其包括二层 ACL 中没有的 NetBIOS、X.25 等除了默认的以太网以外的其他类型 的二层协议,当然也包括设置 TCP 或者 UDP 端口限制应用层,并且在限制的时候默认 采用 IP 地址和 MAC 地址同时限制。专家 ACL 拥有通过二层协议类型码的十六进制和 三层协议的协议号设置非常规的协议,甚至还可以根据特定类型数据进行限制(需要知 道此数据的十六进制码)。不过使用专家 ACL 难度极大,需要精通计算机网络原理和架 构、思科设备等。

### 5.1.2　通配符掩码

　　访问控制列表需要使用 IP 地址和通配符掩码来设定匹配条件。通配符掩码也被称 为反掩码。通配符掩码告诉路由器,在判断匹配对象时,它需要检查 IP 地址中的多少 位。和子网掩码一样,通配符掩码也是由 0 和 1 组成的 32 位二进制数,同样以点分十进 制形式表示。在通配符掩码中,相应位为 1 的地址在比较中被忽略,相应位为 0 的地址 必须被检查。通配符掩码及其含义如表 5-2 所示。

表 5-2　　　　　　　　　　　　　通配符掩码及其含义

| 通配符掩码 | 含义 |
| --- | --- |
| 0.0.0.255 | 只比较前 24 位 |
| 0.0.3.255 | 只比较前 22 位 |
| 0.255.255.255 | 只比较前 8 位 |
| 0.0.0.0 | 每一位都比较(host) |
| 255.255.255.255 | 每一位都不比较(any) |

　　示例:要使一条规则匹配子网 10.1.1.0/24 中的地址,则 ACL 规则中 IP 地址表示 为 10.1.1.0,通配符掩码表示为 0.0.0.255,即只比较 IP 地址的前 24 位;要使一条规则 匹配子网 10.1.1.0/26 中的地址,则 ACL 规则中 IP 地址表示为 10.1.1.0,通配符掩码 表示为 0.0.3.225,即比较 IP 地址的前 22 位。

### 5.1.3　ACL 匹配顺序

一个 ACL 可以包含多条规则,每条规则所指定的网络范围、协议类型等都不同,那么在执行过程中匹配的顺序与数据包的通过与否有着密切的关系。

ACL 表项的检查要按自上而下的顺序进行,当报文匹配某条规则后,则跳出匹配过程,执行操作,所以各个描述语句的放置顺序是非常重要的。

### 5.1.4　ACL 的工作流程

一个 ACL 可以包含多条规则,每条规则都定义了一个匹配条件及其相应的动作,所以,可以说 ACL 是多条判断语句的集合。其工作流程如图 5-2 所示。

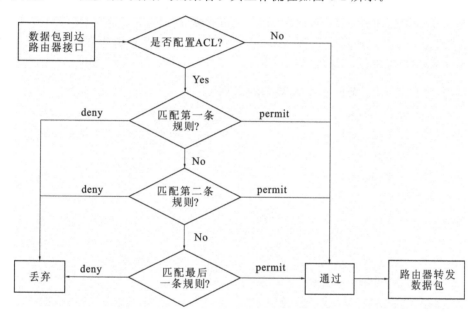

**图 5-2　ACL 工作流程图**

(1)当路由器收到一个数据包时,如果接口上没有启用 ACL,则查找路由表进行正常的数据包转发处理;如果接口上启用了 ACL,则根据规则逐条匹配。

(2)用第一条规则的条件来尝试匹配数据包中的信息,如果数据包中的信息符合此条件,则执行第一条规则所设定的动作。若动作为 permit,则允许此数据包通过接口并进行相应转发;若动作为 deny,则丢弃此数据包。

(3)如果数据包中的信息不符合第一条规则的条件,则继续尝试匹配第二条规则,如果符合第二条规则的条件,则执行它所设定的动作。

(4)依次执行,直到最后一条规则的匹配执行完毕。

ACL 对数据包的过滤具有方向性,可以指定数据包流入或者流出路由器的某接口。

# 5.2 访问控制列表的基本配置

访问控制列表的配置可以分为以下几个部分：
(1)设置访问控制列表序号。
(2)定义访问控制列表规则。
(3)将定义好的访问控制列表运用到接口上。

## 5.2.1 标准 ACL 的配置命令

### 1.设置访问控制列表序列号

Router(config)♯ip access-list standard *acl-number*

标准访问控制列表的序号范围为 1～99,1300～1999,以及自定义名称(可以是字母＋符号＋数字组合,开头不能是数字)。

### 2.定义规则,允许或拒绝指定网络的数据包

Router(config-std-nacl)♯[*sequence*]{deny | permit}{host *source-address* | any | *source-address sour-wild-bits*}[{log | time-range *time-range-word* log}]

*sequence*:标识此 ACL 规则的顺序值,数字小的优先匹配。
deny:表示不允许通过数据。
permit:表示允许通过数据。
host:表示匹配的是单个主机,即反掩码为 0.0.0.0。
*source-address*:表示源地址。
*sour-wild-bits*:表示反掩码。
log:对符合条件的报文记录日志信息。
time-range:表示创建一个使该 ACL 条目生效的时间段,需要结合设备时间和配置时间段参数才有效。

## 5.2.2 扩展 ACL 的配置命令

### 1.设置访问控制列表序列号

Router(config)♯ip access-list extended *acl-number*

扩展访问控制列表的序号范围为 100～199,2000～2699,以及自定义名称(可以是字母＋符号＋数字组合,开头不能是数字)。

### 2.定义规则,允许或拒绝指定网络的数据包

Router(config-ext-nacl)♯[*sequence*]{deny | permit} *protocol*{host *source-address* | any | *source-address sour-wild-bits*}[eq | gt | lt | neq | range][source-port *port1* [*port2*]]{host *destination-address* | any | *destination -address des-wild-bits*}[dscp *dscp-value* | fragment | log | precedence | time-range *time-range-word* | tos *tos-value*]

［eq｜gt｜lt｜neq｜range］［destination-port *port1*［*port2*］］［established｜match-all］

deny：表示不允许通过数据。

permit：表示允许通过数据。

*protocol*：表示所使用的协议类型。用数字表示时，取值范围为 0～255；用名称表示时，锐捷设备 S5310 中可直接选择的有 ahp、eigrp、esp、gre、icmp、igmp、ip、ipinip、nos、ospf、pcp、pim、tcp、udp，其他的请查看协议号进行寻找（表 5-3）。

eq｜gt｜lt｜neq｜range：其中，lt 表示小于，gt 表示大于，eq 表示等于，neq 表示不等于，range 表示在范围内，包括边界值。只有操作符 range 需要两个端口号作操作数，其他的只需要一个端口号作操作数。

*port1*、*port2*：锐捷设备 S5310 中支持 TCP 或 UDP 的端口号，用数字表示时，取值范围为 0～65535，也可以用文字表示。

host *source-address*｜any｜*source-address sour-wild-bits*：表示单个源地址或者采用源地址和掩码结合，均用点分十进制表示；any 表示任意地址。

fragment：只对分片数据包的后续分片进行控制。

log：对符合条件的报文记录日志信息。

precedence：匹配对应类型值的数据包，类型值有 8 个。

time-range：表示创建一个使该 ACL 条目生效的时间段，需要结合设备时间和配置时间段参数才有效。

tos：匹配 IPv4 服务类型字段值，共有 5 种，分别为普通、最小时延、最大吞吐量、最高可靠性和最小开销。

established：TCP 连接建立标识。它是 TCP 协议特有的参数，定义规则匹配带有 ack 或者 rst 标志的 TCP 连接报文。

match-all：设置匹配带有哪些 TCP 标识。锐捷设备 S5310 中可以设置的有 ack、rst、fin、psh、syn、urg 6 种，新版本 TCP 头部其实有 9 种标识，默认匹配所有标识。

host *destination-address*｜any｜*destination-address des-wild-bits*：表示单个目的地址或者采用目的地址和掩码结合，均用点分十进制表示；any 表示任意地址。

dscp：设置 dscp 匹配的对应编码。具体编码含义请参阅其他资料。

表 5-3　　　　　　　　　　　常用协议及端口号

| 端口号 | 协议 | 应用 |
| --- | --- | --- |
| 20 | TCP | FTP |
| 21 | TCP | FTP |
| 22 | TCP | SSH |
| 23 | TCP | Telnet |
| 25 | TCP | SMTP |
| 53 | TCP、UDP | DNS |

| 端口号 | 协议 | 应用 |
|---|---|---|
| 69 | UDP | TFTP |
| 80 | TCP | HTTP |
| 110 | TCP | POP3 |
| 161 | UDP | SNMP |
| 443 | TCP | HTTPS |
| 520 | UDP | RIP |

### 5.2.3 将访问控制列表规则运用在端口上

Router(config-if-GigabitEthernet 0/1)♯{ ip | mac | expert } access-group *acl-number* { in | out }

ip | mac |expert：指定对应的 ACL 类型，且必须指定。

access-group *acl-number*：绑定 ACL 序号到端口上。

in | out：过滤端口的入方向（接收）/出方向（转发）。

# 5.3 访问控制列表信息显示与调试

**1. 清除 IPv4 访问控制列表**

no access-list { *acl-number* }

**2. 显示配置的 IPv4 访问控制列表信息**

show access-lists { *acl-number* | summary }

**3. 清除 IPv4 访问控制列表统计信息**

clear access-list counters { *acl-number* }

**4. 查看 IPv4 访问控制列表端口应用情况**

show access-group [interface *type integer*]

访问控制列表（ACL）是所有流量需要遵循的守则，人类也需要遵守"法律"这一社会规则。我国与网络相关的法律中，《中华人民共和国网络安全法》（以下简称《网络安全法》）由第十二届全国人民代表大会常务委员会第二十四次会议于 2016 年 11 月 7 日通过，自 2017 年 6 月 1 日起施行。《网络安全法》的制定是为了保障网络安全，维护网络空间主权和国家安全、社会公共利益，保护公民、法人和其他组织的合法权益，促进经济社会信息化健康发展。《网络安全法》是现代化网络信息发展的必要保障。我们必须遵守法律，尊重社会公德，诚实守信，履行网络安全保护义务，积极承担社会责任，不得利用网络从事危害国家安全、宣扬恐怖主义、传播暴力色情信息、扰乱社会经济秩序等活动。

## 【任务实施】

# 5.4　标准 ACL 配置实训

### 1. 实训目标

（1）掌握标准 ACL 的配置方式。

（2）了解标准 ACL 简单工作原理。

### 2. 实训环境

标准 ACL 配置拓扑图如图 5-3 所示。

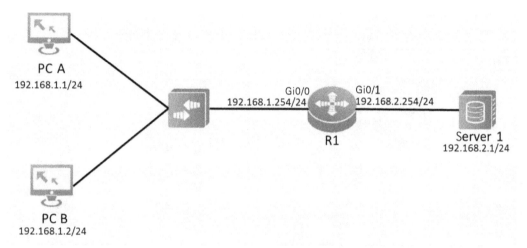

图 5-3　标准 ACL 配置拓扑图

### 3. 实训要求

按照图 5-3 搭建拓扑结构，完成 PC A、PC B、Server 1 设备的基本配置。配置路由器的访问控制列表使 PC A 能够 Ping 通 Server 1，PC B 无法 Ping 通 Server 1。

### 4. 实训步骤

（1）配置 R1 的 IP 地址。

```
R1(config)♯interface GigabitEthernet 0/0
R1(config-if)♯ip address 192.168.1.254 255.255.255.0
R1(config-if)♯no shutdown
R1(config-if)♯exit
R1(config)♯interface GigabitEthernet 0/1
R1(config-if)♯ip address 192.168.2.254 255.255.255.0
R1(config-if)♯no shutdown
R1(config-if)♯exit
```

（2）配置访问控制列表。

```
R1(config)♯ip access-list standard 1
R1(config-std-nacl)♯permit 192.168.1.1 0.0.0.0
    R1(config-std-nacl)♯exit
```

（3）把访问控制列表应用在端口上。

```
R1(config)♯interface GigabitEthernet 0/0
R1(config-if)♯ip access-group 1 in
R1(config-if)♯exit
```

### 5. 实训调试

（1）使用 Ping 命令测试 PC A 到 Server1 的连通性,结果是可达的。

```
PCA>ping 192.168.2.1

Pinging 192.168.2.1 with 32 bytes of data：

Reply from 192.168.2.1：bytes=32 time<1ms TTL=255
Reply from 192.168.2.1：bytes=32 time<1ms TTL=255
Reply from 192.168.2.1：bytes=32 time<1ms TTL=255
Reply from 192.168.2.1：bytes=32 time<1ms TTL=255

Ping statistics for 192.168.2.1：
    Packets：Sent = 4, Received = 4, Lost = 0 (0% loss)
Approximate round trip times in milli-seconds：
    Minimum = 0ms, Maximum = 0ms, Average = 0ms
```

（2）使用 Ping 命令测试 PC B 到 Server1 的连通性,结果是不可达的。

```
PCB>ping 192.168.2.1

Pinging 192.168.2.1 with 32 bytes of data：

Reply from 192.168.1.254：Destination host unreachable.
Reply from 192.168.1.254：Destination host unreachable.
Reply from 192.168.1.254：Destination host unreachable.
Reply from 192.168.1.254：Destination host unreachable.

Ping statistics for 192.168.2.1：
    Packets：Sent = 4, Received = 0, Lost = 4 (100% loss)
```

（3）在 R1 上使用命令来查看访问控制列表状态。

```
R1♯show access-lists
Standard IP access list 1
10 permit host 192.168.1.1（8 match(es)）
```

从以上信息可以看出，在访问控制列表 1 中有一条规则。

（4）在 R1 上使用命令查看访问控制列表端口应用情况。

```
R1♯show access-group
ip access-group 1 in
Applied On interface GigabitEthernet 0/0
```

从以上信息可以看出，在 Gi0/0 接口上使用的是访问控制列表 1。

# 5.5　扩展 ACL 配置实训

## 5.5.1　扩展 ACL 配置实训一

### 1. 实训目标

（1）掌握扩展 ACL 的配置方式。

（2）了解扩展 ACL 简单工作原理。

### 2. 实训环境

扩展 ACL 配置拓扑图如图 5-4 所示。

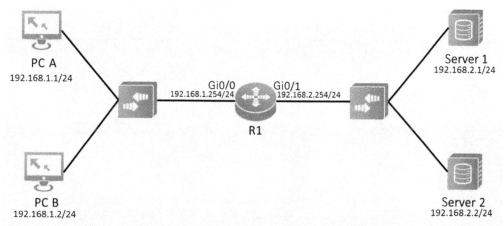

**图 5-4　扩展 ACL 配置拓扑图一**

### 3. 实训要求

按照图 5-4 搭建拓扑结构，完成 PC A、PC B、Server 1、Server 2 设备的基本配置。配置路由器的访问控制列表使 PC A 能够 Ping 通 Server 1，PC B 无法 Ping 通 Server 1，

PC A 无法 Ping 通 Server 2，PC B 能够 Ping 通 Server 2。

### 4. 实训步骤

（1）配置 R1 的 IP 地址。

```
R1(config)♯interface GigabitEthernet 0/0
R1(config-if)♯ip address 192.168.1.254 255.255.255.0
R1(config-if)♯no shutdown
R1(config-if)♯exit
R1(config)♯interface GigabitEthernet 0/1
R1(config-if)♯ip address 192.168.2.254 255.255.255.0
R1(config-if)♯no shutdown
R1(config-if)♯exit
```

（2）配置访问控制列表。

```
R1(config)♯ip access-list extended 100
R1(config-ext-nacl)♯permit ip 192.168.1.1 0.0.0.0 192.168.2.1 0.0.0.0
R1(config-ext-nacl)♯permit ip 192.168.1.2 0.0.0.0 192.168.2.2 0.0.0.0
R1(config-ext-nacl)♯exit
```

（3）把访问控制列表应用在端口上。

```
R1(config)♯interface GigabitEthernet 0/0
R1(config-if)♯ip access-group 100 in
R1(config-if)♯exit
```

### 5. 实训调试

（1）使用 Ping 命令测试 PC A 到 Server 1 的连通性，结果是可达的。

```
PCA>ping 192.168.2.1

Pinging 192.168.2.1 with 32 bytes of data：

Reply from 192.168.2.1：bytes=32 time<1ms TTL=127
Reply from 192.168.2.1：bytes=32 time<1ms TTL=127
Reply from 192.168.2.1：bytes=32 time<1ms TTL=127
Reply from 192.168.2.1：bytes=32 time=1ms TTL=127

Ping statistics for 192.168.2.1：
    Packets：Sent = 4, Received = 4, Lost = 0 (0% loss),
Approximate round trip times in milli-seconds：
    Minimum = 0ms, Maximum = 1ms, Average = 0ms
```

(2)使用 Ping 命令测试 PC A 到 Server 2 的连通性,结果是不可达的。

```
PCA>ping 192.168.2.2

Pinging 192.168.2.2 with 32 bytes of data:

Reply from 192.168.1.254: Destination host unreachable.
Reply from 192.168.1.254: Destination host unreachable.
Reply from 192.168.1.254: Destination host unreachable.
Reply from 192.168.1.254: Destination host unreachable.

Ping statistics for 192.168.2.2:
    Packets: Sent = 4, Received = 0, Lost = 4 (100% loss)
```

(3)使用 Ping 命令测试 PC B 到 Server 2 的连通性,结果是可达的。

```
PCB>ping 192.168.2.2

Pinging 192.168.2.2 with 32 bytes of data:

Reply from 192.168.2.2: bytes=32 time=1ms TTL=127
Reply from 192.168.2.2: bytes=32 time<1ms TTL=127
Reply from 192.168.2.2: bytes=32 time<1ms TTL=127
Reply from 192.168.2.2: bytes=32 time<1ms TTL=127

Ping statistics for 192.168.2.2:
    Packets: Sent = 4, Received = 4, Lost = 0 (0% loss)
Approximate round trip times in milli-seconds:
    Minimum = 0ms, Maximum = 1ms, Average = 0ms
```

(4)使用 Ping 命令测试 PC B 到 Server 1 的连通性,结果是不可达的。

```
PCB>ping 192.168.2.1

Pinging 192.168.2.1 with 32 bytes of data:

Reply from 192.168.1.254: Destination host unreachable.
Reply from 192.168.1.254: Destination host unreachable.
Reply from 192.168.1.254: Destination host unreachable.
Reply from 192.168.1.254: Destination host unreachable.
```

```
Ping statistics for 192.168.2.1:
    Packets: Sent = 4, Received = 0, Lost = 4 (100% loss)
```

（5）在 R1 上使用命令查看访问控制列表状态。

```
R1#show access-lists
Extended IP access list 100
    10 permit ip host 192.168.1.1 host 192.168.2.1 (8 match(es))
    20 permit ip host 192.168.1.2 host 192.168.2.2 (8 match(es))
```

从以上信息可以看出，在访问控制列表 100 中有两条规则。

（6）在 R1 上使用命令查看访问控制列表端口应用情况。

```
R1#show access-group
ip access-group 100 in
Applied On interface GigabitEthernet 0/0
```

可以看出，在 Gi0/0 接口上使用的是访问控制列表 100。

### 5.5.2  扩展 ACL 配置实训二

**1. 实训目标**

（1）掌握扩展 ACL 的配置方式。

（2）了解扩展 ACL 简单工作原理。

**2. 实训环境**

扩展 ACL 配置拓扑图如图 5-5 所示。

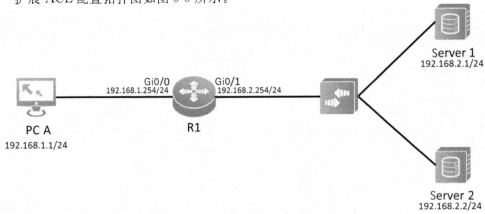

图 5-5  扩展 ACL 配置拓扑图二

**3. 实训要求**

按照图 5-5 搭建拓扑结构，完成 PC A、Server 1、Server 2 设备的基本配置。配置路由器的访问控制列表使 PC A 能够 Ping 通 Server 1，但是不能连通 Server 1 的 FTP 服务器。PC A 无法 Ping 通 Server 2，但是能连通 Server 2 的 FTP 服务器。

### 4. 实训步骤

（1）配置 R1 的 IP 地址。

```
R1(config)♯interface GigabitEthernet 0/0
R1(config-if)♯ip address 192.168.1.254 255.255.255.0
R1(config-if)♯no shutdown
R1(config-if)♯exit
R1(config)♯interface GigabitEthernet 0/1
R1(config-if)♯ip address 192.168.2.254 255.255.255.0
R1(config-if)♯no shutdown
R1(config-if)♯exit
```

（2）配置访问控制列表。

```
R1(config)♯ip access-list extended 100
R1(config-ext-nacl)♯deny icmp 192.168.1.1 0.0.0.0 192.168.2.2 0.0.0.0
R1(config-ext-nacl)♯deny tcp 192.168.1.1 0.0.0.0 192.168.2.1 0.0.0.0 eq ftp
R1(config-ext-nacl)♯permit ip 192.168.1.1 0.0.0.0 192.168.2.0 0.0.0.255
R1(config-ext-nacl)♯exit
```

（3）把访问控制列表应用在端口上。

```
R1(config)♯interface GigabitEthernet 0/0
R1(config-if)♯ip access-group 100 in
R1(config-if)♯exit
```

### 5. 实训调试

（1）用 Ping 命令测试 PC A 到 Server 1 的连通性，结果是可达的。

```
PCA>ping 192.168.2.1

Pinging 192.168.2.1 with 32 bytes of data：

Reply from 192.168.2.1：bytes=32 time<1ms TTL=127
Reply from 192.168.2.1：bytes=32 time<1ms TTL=127
Reply from 192.168.2.1：bytes=32 time<1ms TTL=127
Reply from 192.168.2.1：bytes=32 time<1ms TTL=127

Ping statistics for 192.168.2.1：
    Packets：Sent = 4, Received = 4, Lost = 0 (0% loss),
Approximate round trip times in milli-seconds：
    Minimum = 0ms, Maximum = 0ms, Average = 0ms
```

（2）用 Ping 命令测试 PC A 到 Server 2 的连通性，结果是不可达的。

```
PCA>ping 192.168.2.2

Pinging 192.168.2.2 with 32 bytes of data：

Reply from 192.168.1.254：Destination host unreachable.
Reply from 192.168.1.254：Destination host unreachable.
Reply from 192.168.1.254：Destination host unreachable.
Reply from 192.168.1.254：Destination host unreachable.

Ping statistics for 192.168.2.2：
    Packets：Sent = 4，Received = 0，Lost = 4（100％ loss）
```

（3）用 FTP 测试 PC A 到 Server 1 的连通性，结果是不可用的。

```
PCA>ftp 192.168.2.1
Trying to connect...192.168.2.1

％Error opening ftp://192.168.2.1/（Timed out）

（Disconnecting from ftp server）
```

（4）用 FTP 测试 PC A 到 Server 2 的连通性，结果是可用的。

```
PCA>ftp 192.168.2.2
Trying to connect...192.168.2.2
Connected to 192.168.2.2
220- Welcome to PT Ftp server
Username：cisco
331- Username ok，need password
Password：
230- Logged in
（passive mode On）
ftp>get asa842-k8.bin

Reading file asa842-k8.bin from 192.168.2.2：
File transfer in progress...

[Transfer complete - 5571584 bytes]
```

```
5571584 bytes copied in 33.662 secs (37924 bytes/sec)
```

（5）在 R1 上使用命令查看访问控制列表状态。

```
R1♯ show access-lists
Extended IP access list 100
    10 deny icmp host 192.168.1.1 host 192.168.2.2 (4 match(es))
    20 deny tcp host 192.168.1.1 host 192.168.2.1 eq ftp (12 match(es))
    30 permit ip host 192.168.1.1 192.168.2.0 0.0.0.255 (3511 match(es))
```

从以上信息可以看出，在访问控制列表 100 中有两条规则。

（6）在 R1 上使用命令查看访问控制列表端口应用情况。

```
R1♯ show access-group
ip access-group 100 in
Applied On interface GigabitEthernet 0/0
```

可以看出，在 Gi0/0 接口上使用的是访问控制列表 100。

## 【任务小结】

访问控制列表（ACL）是一种被广泛使用的网络安全技术。标准 ACL 只根据数据包的源 IP 地址制定规则。扩展 ACL 基于目标地址、源地址和网络协议及其端口的数据包过滤。ACL 的匹配顺序会影响实际过滤结果，其配置位置应尽量避免不必要的流量处理。

ACL 命令如表 5-4 所示。

表 5-4　　　　　　　　　　　　　　　　ACL 命令

| 操作 | 命令 |
|---|---|
| 进入标准 ACL 模式 | ip access-list standard *acl-number* |
| 进入扩展 ACL 模式 | ip access-list extended *acl-number* |
| 定义一个标准 ACL 规则 | [*sequence*] {deny \| permit} {host *source-address* \| any \| *source-address sour-wild-bits*} [{log \| time-range *time-range-word* log}] |
| 定义一个扩展 ACL 规则 | [*sequence*] {deny \| permit} *protocol* {host *source-address* \| any \| *source-address sour-wild-bits*} [eq \| gt \| lt \| neq \| range] [source-port *port1* [*port2*]] {host *destination-address* \| any \| *destination-address des-wild-bits*} [dscp *dscp-value* \| fragment \| log \| precedence \| time-range *time-range-word* \| tos *tos-value*] [eq \| gt \| lt \| neq \| range] [destination-port *port1* [*port2*]] [established \| match-all] |
| 在端口上使用报文过滤功能 | {ip \| mac \| expert} access-group *acl-number* {in \| out} |
| 查看配置的 ACL 信息 | show access-lists {*acl-number* \| summary} |
| 查看 ACL 端口应用情况 | show access-group [interface *type integer*] |

## 【任务拓展】

### 1. 填空题

(1) 查看配置的 IPv4 ACL 列表的命令是＿＿＿＿＿＿＿＿＿＿＿＿＿。

(2) 锐捷设备在设置一个 ACL 规则时，隐藏的默认规则的动作是＿＿＿＿＿＿。

(3) 标准 ACL 的序号范围是＿＿＿＿＿＿～＿＿＿＿＿＿。

(4) 扩展 ACL 的序号范围是＿＿＿＿＿＿～＿＿＿＿＿＿。

(5) 在一台路由器上配置了如下 ACL：

ip access-list standard 1

permit 192.168.9.0 0.0.7.255

假设将该 ACL 应用在正确的接口以及正确的方向上，那么源网段为 192.168.15.0/24 发出的数据流被＿＿＿＿＿＿通过，源网段为 192.168.9.0/21 发出的数据流被＿＿＿＿＿＿。

(6) 客户的一台路由器通过广域网接口 S1/0 连接 Internet，通过局域网接口 Gi0/0 连接办公网络，目前办公网络用户可以正常访问 Internet。在该路由器上添加如下 ACL 配置：

ip access-list extended 103

deny icmp any any

permit tcp any any eq 20

permit tcp any any eq 21

♯

interface GigabitEthernet0/0

ip access-group 103 in

ip access-group 103 out

那么＿＿＿＿＿＿＿＿＿＿＿＿＿＿＿＿＿＿＿＿＿＿。

(7) 客户的路由器 R1 的 Gi0/0 接口下连接了一台三层交换机，而此三层交换机是其所连接的客户办公网络的多个网段的默认网关所在。R1 通过串口 S1/0 连接到 Internet。全网已经正常互通，办公网用户可以访问 Internet。已知连接到该路由器的网段有 192.168.1.0/24 和 192.168.2.0/24。在该路由器上添加如下 ACL 配置：

ip access-list extended 104

deny ip 192.168.1.0 0.0.0.255 any

permit tcp 192.168.0.0 0.0.255.255 any eq 20

permit tcp 192.168.0.0 0.0.255.255 any eq 21

permit icmp any any

同时将 ACL 1044 应用在 Gi0/0 接口的 in 方向，那么该路由器允许＿＿＿＿＿＿网段的用户对 Internet 发出的＿＿＿＿＿＿流通过，禁止＿＿＿＿＿＿网段的用户对 Internet 发出的＿＿＿＿＿＿通过。

(8) 在路由器 R1 上查看到如下信息：

R1♯ show access-group

ip access-group 100 in

Applied On interface GigabitEthernet 0/1

那么,ACL 100 中的规则运用到了_____端口的_____方向。

(9)客户路由器 R1 的以太网口 Ethernet0/0 配置如下:

interface Ethernet0/0

ip address 192.168.0.1 255.255.255.0

该接口连接了一台三层交换机,而此三层交换机为客户办公网络的网段 192.168.7.0/24～192.168.83.0/24 的默认网关所在。现在客户要求在 R1 上配置 ACL 以禁止办公网络所有用户向 R1 的地址 192.168.0.1 发起 Telnet,补全以下配置:

deny tcp 0.0.0.0 255.255.255.255 _____ 0.0.0.0 eq _____

permit ip any any

interface Ethernet0/0

ip address _____ 255.255.255.0

ip access-group 100 _____

(10)路由器 R1 的 Gi0/0 接口地址为 192.168.100.1/24,该接口连接了一台三层交换机,而此三层交换机为客户办公网络的多个网段的默认网关所在。R1 通过串口 S1/0 连接到 Internet。全网已经正常互通,办公网用户可以访问 Internet。出于安全性考虑,需要禁止客户主机 Ping 通 R1 的 Gi0/0 接口,于是在该路由器上配置了如下 ACL:

ip access-list extended 108

deny icmp 192.168.1.0 0.0.0.255 any

permit ip 192.168.0.0 0.0.255.255 any

同时该 ACL 被应用在 Gi0/0 接口的 in 方向。发现局域网内 192.168.1.0/24 网段的用户不能 Ping 通 Gi0/0 接口地址。根据如上信息可以推测_____。

**2.选择题(选择一项或多项)**

(1)客户路由器的 Gi0/0 接口下连接了局域网主机 Host A,其 IP 地址为 192.168.0.2/24;Serial 6/0 接口连接远端,目前运行正常。现在该路由器上添加如下 ACL 配置:

ip access-list extended 103

permit tcp any any

permit icmp any any

ip access-list standard 3

deny 192.168.0.0 0.0.0.255

permit any

interface GigabitEthernet0/0

ip access-group 103 in

ip access-group 3 out

ip address 192.168.0.1 255.255.255.0

interface Serial6/0

encapsulation ppp

ip address 6.6.6.2 255.255.255.0

假设其他相关配置都正确,那么( )。

A. Host A 不能 Ping 通该路由器上的两个接口地址

B. Host A 不能 Ping 通 6.6.6.2,但是可以 Ping 通 192.168.0.1

C. Host A 不能 Ping 通 192.168.0.1,但是可以 Ping 通 6.6.6.2

D. Host A 可以 Telnet 到该路由器上

(2)在配置 ISDN DCC 时,客户在自己的路由器上配置了如下的规则:

dialer-list 1 protocol ip list 100

那么关于此配置说法正确的是( )。

A. 只有匹配 ACL 100 的数据包能触发拨号

B. 只有匹配 ACL 100 的数据包会被路由器通过拨号链路发送

C. 没有定义 permit 或者 deny,配置错误

D. 正确的配置应加上: dialer-list 1 protocol ip permit

(3)两台路由器 R1、R2 通过 GigabitEthernet0/0 互连,同时两台路由器之间运行了 RIPv2,现在在其中一台路由器 R1 的 GigabitEthernet0/0 接口想要只发送 RIP 协议报文而不接收 RIP 协议报文,那么如下实现方式可行的是( )。

A. 在 R1 的 RIP 模式下配置 passive-interface GigabitEthernet 0/0

B. 在 R2 的 RIP 模式下配置 passive-interface GigabitEthernet 0/0

C. 在 R1 上配置 ACL 并应用在其 GigabitEthernet0/0 接口 in 方向

D. 在 R2 上配置 ACL 并应用在其 GigabitEthernet0/0 接口 in 方向

(4)两台路由器以图 5-6 的方式连接。目前在两台路由器之间运行了 OSPF 协议。如今要在 R1 上配置 ACL 来阻止 R1 与 R2 之间建立 OSPF 邻接关系,那么在 R1 的 Gi0/0 接口 out 方向应用( )是可行的。

图 5-6 拓扑图

A.

ip access-list extended 100

deny ip any 224.0.0.5 0.0.0.0

permit ip any any

B.

ip access-list extended 100

deny tcp any 224.0.0.5 0.0.0.0 eq 89

permit ip any any

C.

ip access-list extended 100

deny udp any 224.0.0.5 0.0.0.0 eq 89

permit ip any any

D.

ip access-list extended 100

deny ospf any any

permit ip any any

(5)一台路由器通过 S1/0 接口连接 Internet,Gi0/0 接口连接局域网主机,局域网主机所在网段为 10.0.0.0/8,在 Internet 上有一台 IP 地址为 202.102.2.1 的 FTP 服务器。通过在路由器上配置 IP 地址和路由,目前局域网内的主机可以正常访问 Internet(包括公网 FTP 服务器),在该路由器上添加如下配置:

ip access-list extended 100

deny tcp 10.1.1.0 0.0.0.0 eq ftp 202.102.2.1 0.0.0.0

permit ip any any

然后将此 ACL 应用在 Gi0/0 接口的 in 和 out 方向,那么这条 ACL 能实现的功能是(    )。

A. 禁止源地址为 10.1.1.1 的主机向目的主机 202.102.2.1 发起 FTP 连接

B. 只禁止源地址为 10.1.1.1 的主机到目的主机 202.102.2.1 的端口为 TCP 21 的 FTP 控制连接

C. 只禁止源地址为 10.1.1.1 的主机到目的主机 202.102.2.1 的端口为 TCP 20 的 FTP 数据连接

D. 对从 10.1.1.1 向 202.102.2.1 发起的 FTP 连接没有任何限制作用

(6)在路由器 R1 上查看到如下信息:

R1♯show access-lists 100

ip access-list extended 100

    10 permit ip 192.168.1.0 0.0.0.255 any

    20 deny ip any any (38 match(es))

该 ACL 100 已被应用在正确的接口及方向上。下列说法正确的是(    )。

A. 这是一个基本 ACL

B. 有数据包流匹配了规则序号 20

C. 至查看该信息时,还没有来自 192.168.1.0/24 网段的数据包匹配该 ACL

D. 匹配规则序号 20 的数据包可能是去往目的网段 192.168.1.0/24

(7)某网络连接形如:

Host A----Gi0/0--R1--S1/0---------S1/0--R2--Gi0/0----Host B

两台路由器 R1、R2 通过各自的 S1/0 接口背靠背互连,各自的 Gi0/0 接口分别连接客户端主机 Host A 和 Host B。其中 Host A 的 IP 地址为 192.168.0.2/24,R2 的 S1/0 接口地址为 1.1.1.2/30,通过配置其他相关的 IP 地址和路由,目前网络中 Host A 和 Host B 可以实现互通。如今客户要求不允许 Host A 通过地址 1.1.1.2 Telnet 登录 R2。那么下列配置中可以满足此需求的配置是(    )。

A. 在 R1 上配置如下 ACL 并将其应用在 R1 的 Gi0/0 接口的 in 方向:

R1(config)#ip access-list extended 100

R1(config-ext-nacl)#deny tcp 192.168.0.1 0.0.0.255 1.1.1.2 0.0.0.3 eq telnet

R1(config-ext-nacl)#permit ip any any

B. 在 R1 上配置如下 ACL 并将其应用在 R1 的 Gi0/0 接口的 out 方向：

R1(config)#ip access-list extended 100

R1(config-ext-nacl)#deny tcp 192.168.0.2 0.0.0.255 1.1.1.2 0.0.0.3 eq telnet

R1(config-ext-nacl)#permit ip any any

C. 在 R1 上配置如下 ACL 并将其应用在 R1 的 S1/0 接口的 in 方向：

R1(config)#ip access-list extended 100

R1(config-ext-nacl)#deny tcp 192.168.0.1 0.0.0.255 1.1.1.2 0.0.0.3 eq telnet

R1(config-ext-nacl)#permit ip any any

D. 在 R1 上配置如下 ACL 并将其应用在 R1 的 S1/0 接口的 out 方向：

R1(config)#ip access-list extended 100

R1(config-ext-nacl)#deny tcp 192.168.0.2 0.0.0.255 1.1.1.2 0.0.0.3 eq telnet

R1(config-ext-nacl)#permit ip any any

(8)某网络连接形如：

Host A----Gi0/0--R1--S1/0---------S1/0--R2--Gi0/0----Host B

两台路由器 R1、R2 通过各自的 S1/0 接口背靠背互连，各自的 Gi0/0 接口分别连接客户端主机 Host A 和 Host B。通过配置 IP 地址和路由，目前网络中 Host A 和 Host B 可以实现互通。现在 R2 上添加如下配置：

ip access-list extended 100

deny tcp any any eq telnet

permit ip any any

interface Serial1/0

encapsulation ppp

ip address 1.1.1.2 255.255.255.252

ip access-group 100 in

ip access-group 100 out

interface GigabitEthernet0/0

ip address 10.1.1.1 255.255.255.0

那么下列说法正确的是(      )。

A. 最后配置的 ip access-group 100 out 会取代 ip access-group 100 in 命令

B. 在 Host B 上无法成功 Telnet 到 R1 上

C. 在 Host B 上可以成功 Telnet 到 R1 上

D. 最后配置的 ip access-group 100 out 不会取代 ip access-group 100 in 命令

(9)某网络连接形如：

Host A----Gi0/0--R1--S1/0---------S1/0--R2--Gi0/0----Host B

其中两台路由器 R1、R2 通过各自的 S1/0 接口背靠背互连，各自的 Gi0/0 接口分别连接客户端主机 Host A 和 Host B。通过配置 IP 地址和路由,目前网络中 Host A 和 Host B 可以实现互通。Host A 的 IP 地址为 192.168.0.2/24,默认网关为 192.168.0. 1。R1 的 Gi0/0 接口地址为 192.168.0.1/24。在 R1 上添加如下配置:

ip access-list extended 103

deny icmp 192.168.0.2 0.0.0.0 any echo-reply

interface GigabitEthernet0/0

ip access-group 103 in

那么下列说法正确的是(　　　)。

A. 在 Host A 上无法 Ping 通 R1 的接口 Gi0/0 的 IP 地址

B. 在 Host A 上可以 Ping 通 R1 的接口 Gi0/0 的 IP 地址

C. 在 R1 上无法 Ping 通 Host A

D. 在 R1 上可以 Ping 通 Host A

### 3. 综合题

拓扑图如图 5-7 所示,路由器 R2 提供 ACL 服务,网段之间使用 RIP 协议,确保网络的连通性,按以下要求完成实训任务。

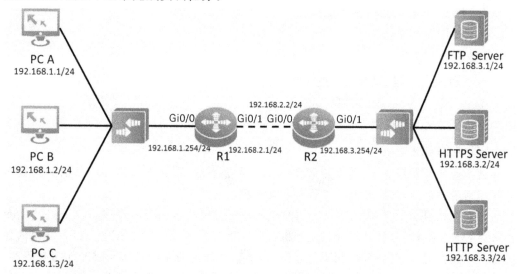

**图 5-7　ACL 综合实训拓扑图**

(1)完成各个设备之间的基本参数配置,使所有设备能够互联。

(2)在 R1、R2 上分别配置 RIP 协议,保证网络连通。

(3)在 R2 上配置 ACL 使 PC A 能够 Ping 通所有的 FTP Server、HTTPS Server、HTTP Server,但是不能使用它们的服务。

(4)在 R2 上配置 ACL 使 PC B 不能 Ping 通所有的 FTP Server、HTTPS Server、HTTP Server,但是能够使用 HTTPS Server 和 HTTP Server 的服务。

(5)在 R2 上配置 ACL 使 PC C 能够 Ping 通和使用 FTP Server 服务,不能 Ping 通 HTTPS Server 和 HTTP Server 且不能使用它们的服务。

# 任务6　交换机及 VLAN 基本操作

**【知识目标】**

❖ 认识以太网交换机。

❖ 配置以太网交换机。

❖ 掌握 VLAN 技术及应用。

**【能力目标】**

❖ 理解以太网交换机基本配置。

❖ 掌握 VLAN 应用。

**【素质目标】**

❖ 形成辩证思维，具备随机应变能力。

❖ 树立民族自信，增强科技强国的使命感。

❖ 加强防疫意识，做好自我隔离。

**【任务描述】**

某企业要开发新业务，需要招聘新员工。人员增加，则技术部需加购新的交换机对公司网络进行扩容，现需要网络工程师对交换机进行以下配置：

对交换机进行初始化配置，设置相应 IP、网关、用户名、密码，使得可以通过 Telnet 的方式登录交换机，以便后续通过交换机对网络进行配置；配置 VLAN，使得各部门内部员工可以相互通信，但各部门间不能通信；由于总经理室需要随时访问财务部的服务器，因此总经理室和财务室的两个不同 VLAN 间要通过交换机配置为可以通信。

**【知识储备】**

## 6.1　认识以太网交换机

交换机（switch）是一种用于将电信号进行转发的网络设备，它能在通信系统中完成数据信息的交换。最常见的交换机是应用在局域网中的以太网交换机，其他常见的还有电话语音交换机、光纤交换机等。以太网交换机主要工作在 OSI 模型（open system interconnection reference model，开放式系统互联通信参考模型）的数据链路层，为用户提供独享的、端点对端点的连接，数据只会发送到目的端口，不会向所有端口发送，其他节点一般侦听不到发送的信息,这样在数据流量很大时,不容易造成网络堵塞,也确保数据传输的安全。以太网交换机通常应用于局域网中,一些功能强大的高端产品也会应用于城域网甚至广域网。

## 6.2　交换机的功能与组成

交换机可以交换数据、扩展接口模块、二层转发、构建 VLAN、建立快速生成树,还有加载升级、管理、镜像、TRUNK、抑制广播风暴、流控、安全等功能。

交换机硬件由主板、CPU、RAM、快闪存储器、接口等组成;软件操作系统本书以锐捷 RGOS 进行讲解。

## 6.3　交换机基本配置

交换机的操作系统同前面章节介绍的路由器一样采用命令行界面的方式对网络设备进行管理和操作。用户可以通过本地和远程登录等多种方法连接到网络设备。首次使用交换机进行初始化配置与前面章节初始化配置路由器相同,此处不再赘述。

每一款交换机提供上千条的配置命令,是否都要准确无误地记住呢? 答案显然是否定的。交换机不仅采用符合国际标准的命令行界面进行配置,还提供了详尽的帮助信息和方便快捷的帮助功能。

在任何模式下,输入<?>,将获取该模式下所有的命令及其简单描述。例如:
[SW]?

在使用命令行进行配置的时候,借助于帮助功能可快速完成命令查找和配置。

## 6.4　认识 VLAN

VLAN(virtual local area network,虚拟局域网)技术的出现,主要是为了解决交换机在进行局域网互连时无法限制广播的问题。VLAN 技术可以把单个的局域网切割成多个虚拟局域网——VLAN,每个 VLAN 是一个广播域,VLAN 内的设备相互通信就如同在 LAN 内一样,而 VLAN 间的设备不能直接互通,这样传输的数据包就被限制在一个 VLAN 内。

### 6.4.1　VLAN 技术简介

随着交换式以太网的出现,每个交换机下不一样的端口都处在不同的冲突域中,这使得交换式以太网的工作效率大幅提高。在交换式以太网中,所有的端口都处于交换机的同一个广播域内,在局域网中所有的计算机都能接收到每台计算机发出的广播数据,从而出现局域网中的网络资源被无用的广播信息随意占用的情况。

如图 6-1 所示，所有的主机发出的数据包广播在整个局域网，如果每台主机的广播流量为 250kbps，那么 4 台主机的流量将达到 1000kbps；如果网络带宽为 100Mbps，则广播数据占用带宽的比例达到 1%。如果网络内主机有 400 台，则广播流量将达到 100Mbps，占用带宽的比例达到 100%，整个网络上充斥着广播数据流，网络带宽被极大地浪费和占用。100% 带宽的广播流量会造成网络设备及主机的 CPU 负担达到极限，交换机会宕机或者速度变得极为缓慢。

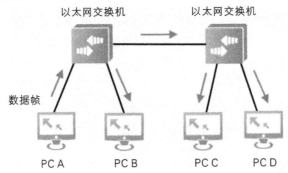

图 6-1 广播风暴

缩小广播域的工作范围，进一步提升局域网的工作性能，成为急需解决的技术问题。引入 VLAN 技术可以把单个局域网划分为多个逻辑的局域网，每个局域网是一个广播域，故广播数据帧被限制在各自不同的 VLAN 内，从而有效利用网络带宽。目前，市场上销售的以太网交换机大都支持 VLAN。

如图 6-2 所示，运用 VLAN 技术能缩小广播域的工作范围，是减少广播流量的高效率、低成本方案。

2020 年，面对突如其来的新冠肺炎疫情，党中央迅速决策，依风险等级划区域管控，这是阻止病毒大面积蔓延的最有效方法，道理如同 VLAN 划分原理。

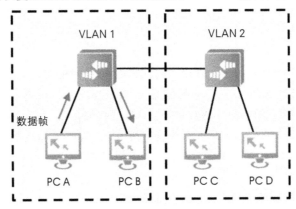

图 6-2 用 VLAN 隔离广播

VLAN 的划分不受主机所在位置的限制，同一个 VLAN 的主机可以在不同的物理区域，可以连接在同一个交换机上，也可以分属于不同的交换机，甚至是不同的路由器。这使得网络的划分不受地理位置的限制，提高了网络构建的灵活性。技术的发展源于需求，在平常的工作中，我们也应辩证地看问题，面对当前技术不能解决的问题，勤于思考，开阔视野,积极提出创新举措,勇于实践,提高解决问题的能力。

图 6-3 所示的办公楼内有两台以太网交换机,连接两个计算机工作组——工作组 1 和工作组 2。运用 VLAN 技术进行网络划分后,PC A 与 PC C 属于工作组 1,处于同一 VLAN 广播域内,可以相互通信;PC B 与 PC D 属于工作组 2,也可以相互通信,从而实现了不同交换机间的广播域扩展。

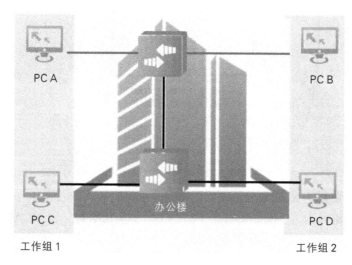

**图 6-3　运用 VLAN 技术划分网络示例**

VLAN 技术有以下优点:

(1)广播域范围得到有效控制:一个 VLAN 内存在一个相同属性的广播域,广播流量仅在当前 VLAN 中传播,提高了网络处理能力,也节省了带宽。

(2)局域网的安全性增强:报文传输时,在不同 VLAN 内是相互隔离的,一个 VLAN 内的用户不能和其他 VLAN 的用户直接通信。一个 VLAN 内的用户要进行数据通信,就需通过三层交换机或路由器等高端网络设备来实现。

(3)虚拟工作组可以轻松构建:可以用 VLAN 将不同的用户划分到不同的工作组,固定的物理范围也不必局限于同一工作组的用户,网络的建立及维护变得更加灵活和便捷。

目前,运用 VLAN 来建立局域网,可以缩小广播域的范围,减少 LAN 内的广播流量,组网更加便捷、灵活,管理和配置网络设备更容易,大大降低了维护成本。

### 6.4.2　VLAN 的划分

#### 1. 以端口为依据划分

以端口为依据划分 VLAN,即按照设备端口来定义 VLAN 用户,是简单而又有效的方法。将端口加入指定 VLAN 之后,该端口就可以转发指定 VLAN 的数据帧。

如图 6-4 所示,交换机端口 E1/0/1 和 E1/0/2 被划分到 VLAN 1 中,端口 E1/0/3 和 E1/0/4 被划分到 VLAN 2 中,PC A 和 PC B 处于 VLAN 1 中,可以相互通信;PC C 和 PC D 处于 VLAN 2 中,可以相互通信。PC A 和 PC C 处于不同 VLAN,它们之间不能相互通信。

网络系统管理——网络部署实训教程（上册）

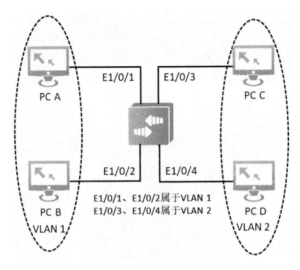

图 6-4　基于端口的 VLAN

**2. 以 MAC 地址为依据划分**

依据每个主机的 MAC 地址来划分 VLAN 时，交换机维护一张 VLAN 映射表，该表记录 MAC 地址和 VLAN 的对应关系，如图 6-5 所示。

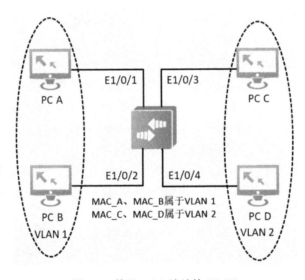

图 6-5　基于 MAC 地址的 VLAN

以 MAC 地址为依据划分 VLAN 的优点是，当用户物理位置发生变化，如用户由一个交换机换到另一个交换机时，VLAN 的配置不用改变，可以认为这种划分方法是基于用户的。

进行用户初始配置时，需采集每个用户的 MAC 地址，并为每个用户逐一设置 VLAN，如果当前网络用户非常多，那么对用户进行 VLAN 配置的工作量是巨大的。同时也会导致交换机工作效率大幅降低，因为可能存在属于多个 VLAN 组的用户会使用每个交换机的端口的情况，那么限制广播帧就无从谈起。

116

### 3. 以协议为依据划分

以协议为依据划分 VLAN 是指根据端口接收到的报文所属的协议类型分配不同的 VLAN ID 给报文。

网络上的以太网帧由交换机从端口接收后,以太网帧会根据其内部封装的协议类型来确定网络报文属于哪个 VLAN,随后指定 VLAN 中传输的数据包将被自动划入。在交换机上完成配置后,会形成图 6-6 所示的 VLAN 映射表,这种 VLAN 划分方式实际上应用得非常少,因为目前使用的绝大多数都是 IP 协议的主机。其他协议的主机组件被 IP 协议主机代替,所以它很难将广播域划分得更小。

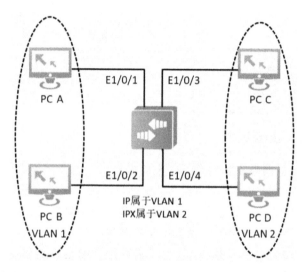

图 6-6 基于协议的 VLAN

### 4. 以子网为依据划分

基于 IP 子网的 VLAN 是以数据源 IP 地址及子网掩码为依据进行划分的。设备从端口接收到数据帧后,根据数据帧中的源 IP 地址,找到与现有 VLAN 的对应关系,划分到指定 VLAN 中转发。此特性主要用于将指定网段或 IP 地址发出的数据在指定的 VLAN 中传送。

如图 6-7 所示,交换机依据 IP 子网划分 VLAN,使 VLAN 1 对应网段 10.40.0.0/24,VLAN 2 对应网段 10.50.0.0/24。端口 E1/0/1 和 E1/0/2 连接的工作站地址属于 10.40.0.0/24,因而将被划入 VLAN 1;端口 E1/0/3 和 E1/0/4 连接的工作站地址属于 10.50.0.0/24,因而将被划入 VLAN 2。

这是一种非常容易管理和配置的 VLAN 划分方法,网络客户端可以随意移动自己的位置而不需重新设置主机或交换机,还可以按照网络传输协议进行子网划分,以便实现针对具体网络应用来协调网络终端用户。而其不足之处在于,为检索和辨别终端用户的属性,交换机必须甄别每个数据帧的网络地址,这将损耗交换机大量的资源;多个 VLAN 终端用户会同时存在于同一个端口,这对有效防范网络风暴起到抑制作用。

以端口为依据划分 VLAN 是最普遍的,该划分方法也被所有交换机兼容及应用。

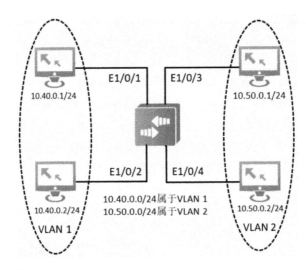

图 6-7　基于子网的 VLAN

### 6.4.3　VLAN 技术原理

以太网交换机根据网络主机的 MAC 地址表转发网络上的数据帧，主机 MAC 地址表中包含了端口和端口所连接终端主机 MAC 地址的映射关系。数据帧被以太网交换机从端口接收后，通过主机 MAC 地址表来决定从哪一个端口转发出去。如果广播数据被交换机端口接收到，则交换机会把广播数据从除源端口外的所有端口转发出去。

因此，给数据帧加上一个标签（Tag）用以确定数据帧会被传播到哪一个 VLAN 中。在端口转发数据时，以太网交换机首先要查找 MAC 地址来决定由哪个端口转发数据，其次需要查看端口上的 VLAN Tag 是否与之匹配。

如图 6-8 所示，交换机给主机 PC A 和 PC B 发来的数据帧附加了 VLAN 1 的 Tag，给主机 PC C 和 PC D 发来的数据帧附加了 VLAN 2 的 Tag，并把 VLAN 的 Tag 记录增加到 MAC 地址表中。此时，以太网交换机在进行主机 MAC 地址表转发和查找操作时，会查看 VLAN Tag 是否匹配。若不匹配，交换机就不会通过端口转发出去。即用 VLAN Tag 把 MAC 地址表里的表项区分开，只有相同 VLAN Tag 的端口之间能够互相转发数据帧。

#### 1. VLAN 的帧格式

如图 6-9 所示，在通用的数据帧中添加了 4 个字节的 802.1Q 标签后，该数据帧被称为带 VLAN 标签的帧（tagged frame）。而没有带 802.1Q 标签的数据帧被称为未添加标签的帧（untagged frame）。

802.1Q 标签头包含 2 个字节的标签协议标识（tag protocol identifier，TPID）和 2 个字节的标签控制信息（tag control information，TCI）。

TPID 是 IEEE 定义的新的类型，表明这是一个封装了 802.1Q 标签的帧。TPID 包含一个固定的值 0×8100。

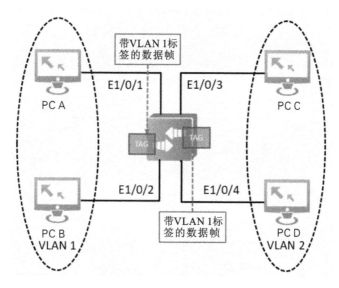

图 6-8　VLAN 标签

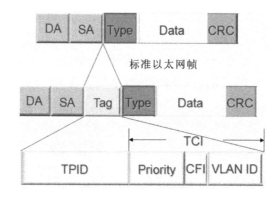

图 6-9　VLAN 帧格式

TCI 包含的是帧的控制信息,它包含了以下元素:

(1)Priority:指明数据帧的优先级。一共有 8 类优先级,即 0~7。

(2)CFI (canonical format indicator)。CFI 值为 0 说明是规范格式,CFI 值为 1 说明是非规范格式。它被用在令牌环源路由 FDDI 介质访问方法中指示封装帧中所带地址的域次序信息。

(3)VLAN ID (VLAN Identifier):共 12 位的域,用来指明 VLAN 的 ID。VLAN ID 共有 4096 个,每个支持 802.1Q 协议的交换机发出的数据帧都会包含这个域,用以指明数据帧属于哪一个 VLAN。

### 2. 单交换机内添加 VLAN 标签

交换机根据数据帧中的标签判定数据帧属于哪一个 VLAN,而 VLAN 标签是由交换机端口在数据帧进入交换机时添加的。这样,VLAN 对终端主机是透明的,终端主机不需要知道网络中 VLAN 是如何划分的,也不需要识别带有 802.1Q 标签的以太网帧,这些都由交换机负责。

如图 6-10 所示,当终端主机发出的数据帧到达交换机端口时,交换机检查端口所属的 VLAN,然后给进入端口的数据帧添加相应的 802.1Q 标签。端口所属的 VLAN 被称为端口默认 VLAN,又被称为 PVID(Port VLAN ID)。

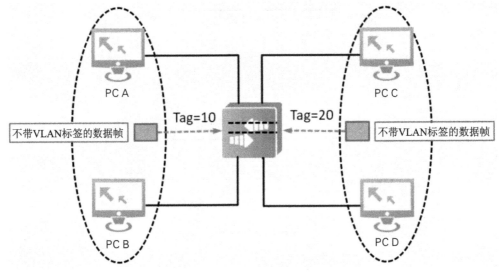

图 6-10　标签的添加

同样,为保证 VLAN 技术对主机透明,交换机负责剥离出端口的数据帧的 802.1Q 标签。这种只允许默认 VLAN 的数据帧通过的端口被称为 Access 链路类型端口。Access 端口在接收到数据帧后添加 VLAN 标签,转发出端口时剥离 VLAN 标签,对终端主机透明,所以通常用来连接不需要识别 802.1Q 协议的设备,如主机、路由器等。

通常在单交换机 VLAN 环境中,所有端口都是 Access 链路类型端口。如图 6-11 所示,交换机连接 4 台 PC,PC 并不能识别带有 VLAN 标签的以太网帧。通过在交换机上设置与 PC 相连的端口属于 Access 链路类型端口,并指定端口属于哪一个 VLAN,使交换机能够根据端口进行 VLAN 划分,不同 VLAN 间的端口属于不同广播域,从而隔离广播。

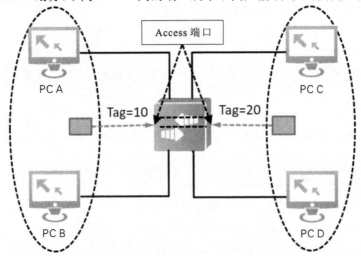

图 6-11　标签的剥离

### 3. 多交换机间添加 VLAN 标签

在网络中建立虚拟工作组是一种重要的 VLAN 技术,将不同的用户划分到不同的工作组,同一工作组的用户也不必限制在某个固定范围内。通过在网络中建立多交换机间 VLAN,就能实现虚拟工作组。

VLAN 建立在多交换机间时,需要交换机之间传递的网络数据帧带有 802.1Q 标签。这样,数据帧所属的 VLAN 信息才不会丢失。

在图 6-12 中,PC A 和 PC B 所发出的数据帧到达 SW A 后,SW A 将这些数据帧分别添加 VLAN 1 和 VLAN 2 的标签。SW A 的端口 E1/0/24 负责对这些带 802.1Q 标签的数据帧进行转发,并不对其中的标签进行剥离。

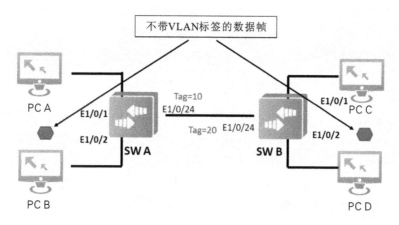

**图 6-12　跨交换机 VLAN 标签操作**

### 4. VLAN 的链路端口

(1)Trunk 链路类型端口。

不对 VLAN 标签进行剥离操作的端口就是 Trunk 链路类型端口。Trunk 链路类型端口可以接收和发送多个带有 VLAN 标签的数据帧,且在接收和发送过程中不对数据帧中的标签进行任何操作。

但是,默认 VLAN(PVID)帧例外。在发送数据帧时,Trunk 端口要剥离默认 VLAN(PVID)帧中的标签;同样,交换机从 Trunk 端口接收到不带标签的帧时,要添加默认 VLAN 标签。

PC A 至 PC C、PC B 至 PC D 的标签操作流程如图 6-13 所示。

下面先分析从 PC A 到 PC C 的数据帧转发及标签操作过程。

①PC A 到 SW A。

PC A 发出普通数据帧,到达 SW A 的 E1/0/1 端口。因为端口 E1/0/1 被设置为 Access 端口,且其属于 VLAN 1,所以接收到的以太网帧被添加 VLAN 1 标签,然后根据 MAC 地址表在交换机内部转发。

②SW A 到 SW B。

SW A 的 E1/0/24 端口被设置为 Trunk 端口,且 PVID 被配置为 2。所以,带有 VLAN 1 标签的以太网帧能够在交换机内部转发到端口 E1/0/24;且因为 PVID 被配置

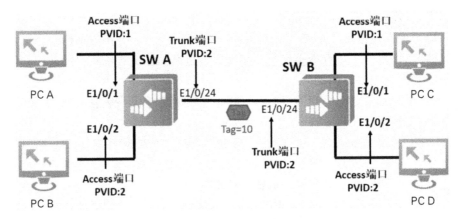

图 6-13　Trunk 链路类型端口

为 2，与帧中的标签不同，所以交换机不对其进行标签剥离操作，只是从端口 E1/0/24 转发出去。

③SW B 到 PC C。

SW B 在接收到帧后，从帧中的标签得知它属于 VLAN1。因为端口设置为 Trunk 端口，且 PVID 被配置为 2，所以交换机并不对帧进行剥离标签操作，只是根据 MAC 地址表进行内部转发。因为此帧带有 VLAN 1 标签，而端口 E1/0/1 被设置为 Access 端口，且其属于 VLAN 1，所以交换机将帧转发至端口 E1/0/1，经剥离标签后到达 PC C。

再对 PC B 到 PC D 的数据帧转发及标签操作过程进行分析。

①PC B 到 SW A。

PC B 发出普通以太网帧，到达 SW A 的 E1/0/2 端口。因为端口 E1/0/2 被设置为 Access 端口，且其属于 VLAN 2，所以接收到的以太网帧被添加了 VLAN 2 标签，然后在交换机内部转发。

②SW A 到 SW B。

SW A 的 E1/0/24 端口被设置为 Trunk 端口，且 PVID 被配置为 2。所以，带有 VLAN 2 标签的以太网帧能够在交换机内部转发到端口 E1/0/24；且因为 PVID 被配置为 2，与帧中的标签相同，所以交换机对其进行标签剥离操作，去掉标签后从端口 E1/0/24 转发出去。

③SW B 到 PC D。

SW B 接收到不带标签的以太网帧。因为端口设置为 Trunk 端口，且 PVID 被配置为 2，所以交换机对接收到的帧添加 VLAN 2 标签，再进行内部转发。因为此帧带有 VLAN 2 标签，而端口 E1/0/2 被设置为 Access 端口，且其属于 VLAN 2，所以交换机将帧转发至端口 E1/0/2，经剥离标签后到达 PC D。

Trunk 端口通常用于跨交换机 VLAN。通常在多交换机环境下，且需要配置跨交换机 VLAN 时，与 PC 相连的端口被设置为 Access 端口；交换机之间互连的端口被设置为 Trunk 端口。

（2）Hybrid 链路类型端口。

除了 Access 链路类型端口和 Trunk 链路类型端口外，交换机还支持 Hybrid 链路类型端口。Hybrid 端口除了可以接收和发送多个带有 VLAN 标签的数据帧,还能够指定对哪些 VLAN 帧进行剥离标签操作。

当网络中大部分主机之间需要隔离,但这些隔离的主机又需要与另一台主机互通时,可以使用 Hybrid 端口。

PC A 至 PC C、PC B 至 PC C 的标签操作流程如图 6-14 所示。

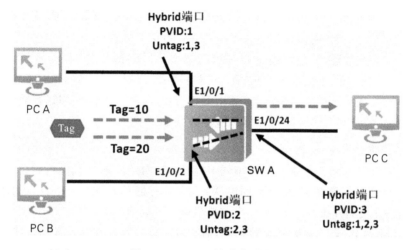

图 6-14 Hybrid 链路类型端口

下面分析从 PC A 到 PC C 的数据帧转发及标签操作过程。

①PC A 到 SW A。

PC A 发出普通以太网帧,到达交换机的 E1/0/1 端口。因为端口 E1/0/1 被设置为 Hybrid 端口,且其默认 VLAN 是 1,所以接收到的以太网帧被添加 VLAN 1 标签,然后根据 MAC 地址表在交换机内部转发。

②SW A 到 PC C。

SW A 的 E1/0/24 端口被设置为 Hybrid 端口,且允许 VLAN 1、VLAN 2、VLAN 3 的数据帧通过,但通过时要进行剥离标签操作(Untag:1,2,3)。所以,带有 VLAN 1 标签的以太网帧能够被交换机从端口 E1/0/24 转发出去,且被剥离标签。

③PC C 到 SW A。

PC C 对接收到的帧进行回应。PC C 发出的是普通以太网帧,到达交换机的 E1/0/24 端口。因为端口 E1/0/24 被设置为 Hybrid 端口,且其默认 VLAN 是 3,所以接收到的以太网帧被添加 VLAN 3 标签,然后根据 MAC 地址表在交换机内部转发。

④SW A 到 PC A。

SW A 的 E1/0/1 端口被设置为 Hybrid 端口,且允许带有 VLAN 1、VLAN 3 标签的数据帧通过,但通过时要进行剥离标签操作(Untag:1,3)。所以,带有 VLAN 3 标签的以太网帧能够被交换机从端口 E1/0/1 转发出去,且被剥离标签。

这样,PC A 与 PC C 之间的主机能够通信。

同理,根据上述分析过程,可以知道 PC B 能够与 PC C 进行通信。

但 PC A 与 PC B 之间能否通信呢? 答案是否定的。因为 PC A 发出的以太网帧到达连接 PC B 的端口时,端口上的设定(Untag:2,3)表明只对 VLAN 2、VLAN 3 的数据帧转发且剥离标签,而不允许带有 VLAN 1 标签的帧通过,所以 PC A 与 PC B 不能相互通信。

### 6.4.4　VLAN 间通信

了解 VLAN 后可知每台交换机可以划分成多个 VLAN,而每个 VLAN 会设置一个 IP 网段,只有在同一 IP 网段或者同一 VLAN 下的用户才能相互通信,进行数据交换。由此产生一个新的问题,网络构建的根本目的是实现网络的互连互通,做到全方位的信息共享,VLAN 技术是用来隔离广播、防止网络风暴,同时为提高网络运行效率而设计的,如果不同 VLAN 间不能通信的话,那么利用 VLAN 技术提高网络运行效率就会变为空谈。如何解决不同 VLAN 间通信问题呢? 方法如下。

**1. 二层交换机结合路由器**

二层交换机结合路由器是指每个不同 IP 网段的 VLAN 通过交换机端口分别连接路由器,使用 VLAN 间路由技术让不同的 VLAN 进行通信。比如:有 N 个不同网段的 VLAN 需要进行通信,那么就通过 N 个交换机端口连接到路由器的 N 个接口,但也会产生新的问题,即如果 N 是一个很大的数字,那么占用路由器和交换机的接口数也非常大,且需要大量的物理连线,不管是从拓扑优化方面还是设备成本方面考虑,都是不可取的。

**2. 802.1Q 和子接口实现 VLAN 间路由**

为杜绝设备接口和物理连线的浪费,在 VLAN 技术的发展中提供了一种新的方法来实现不同 VLAN 间的通信,即 802.1Q 和子接口实现 VLAN 间路由,其原理是只用一个以太网接口,在该接口下提供相应数量的子接口分别作为每个 VLAN 的默认网关,如图 6-15 所示,当 VLAN 10 内的终端想要和 VLAN 20 内的用户进行通信时,该用户只需要将信息发送给默认网关,默认网关随之修改相应的 VLAN 标签,然后发送到 VLAN 20 内的用户,就完成了 VLAN 间的通信,这种方法也叫"单臂路由"。这种方式大大节省了设备接口和物理连线。

但应注意:由于这种方法需要在物理链路上承载所有 VLAN 间路由数据,大量的数据会消耗路由器的 CPU 和内存,同时对网络带宽的要求也很高,一旦路由器负荷过重或者网络带宽无法满足所有数据交换的流量,那么堵塞就无法避免,这也就变相地提高了网络建设的成本。

**3. 用三层交换机实现 VLAN 间路由**

为了更好地解决 VLAN 间通信问题,专门研发了一种新的网络设备——三层交换机,也称路由交换机。三层交换机为每个 VLAN 创建一个虚拟的三层 VLAN 接口,该接口像路由器接口一样工作,只需为 VLAN 接口配置相应的 IP 地址,即可实现 VLAN 间路由功能。

三层交换机通过内置的三层路由转发引擎在 VLAN 间进行路由转发。由于硬件实现的三层路由转发引擎速度快、吞吐量大,而且避免了外部物理连接带来的延迟和不稳定性,因此三层交换机的路由转发性能高于前面介绍的两种实现 VLAN 间路由的方法,

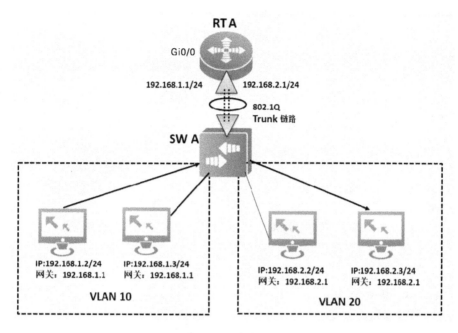

图 6-15　单臂路由

这也是当今 VLAN 间通信的主流技术。在后面的实训项目中，将详细地讲解如何通过三层交换机实现不同 VLAN 间的通信。

# 6.5　配置 VLAN

### 1. 创建 VLAN

在缺省情况下，交换机默认有一个 VLAN 1，所有的端口都属于 VLAN 1 且是 Access 链路类型端口。配置 VLAN 的基本步骤如下。

第 1 步：在全局配置模式下创建 VLAN 并进入 VLAN 配置模式。配置命令为：

vlan *vlan-id*

第 2 步：在 VLAN 配置模式下将指定端口加入 VLAN 中。配置命令为：

add interface *interface-list*

### 2. 配置 Trunk 端口

Trunk 端口能够允许多个带有 VLAN 标签的数据帧通过，通常用于交换机之间互连。配置某个端口成为 Trunk 端口的步骤如下。

第 1 步：在接口模式下指定端口链路类型为 Trunk。配置命令为：

switchport mode trunk

第 2 步：在默认情况下，Trunk 端口只允许默认 VLAN，即带有 VLAN 1 标签的数据帧通过。所以，需要在端口模式下指定哪些 VLAN 帧能够通过当前 Trunk 端口。配置命令为：

switchport trunk allowed vlan add {*vlan-id-list* ｜ all }

第 3 步：必要时，可以在端口模式下设定 Trunk 端口的默认 VLAN。配置命令为：

switchport trunk native vlan *vlan-id*

注意：在默认情况下，Trunk 端口的默认 VLAN 是 VLAN 1。不过，可以根据实际情况修改默认 VLAN，以保证两端交换机的默认 VLAN 相同为原则，否则会发生同一 VLAN 内的主机跨交换机不能相互通信的情况。

### 3. 配置 Hybrid 端口

在某些情况下，需要用到 Hybrid 端口。Hybrid 端口除了能够允许多个带有 VLAN 标签的帧通过，还可以指定哪些 VLAN 数据帧被剥离标签。配置某个端口成为 Hybrid 端口的步骤如下。

第 1 步：在以太网端口模式下指定端口链路类型为 Hybrid。配置命令为：

switchport mode hybrid

第 2 步：在默认情况下，所有 Hybrid 端口只允许带有 VLAN 1 标签的数据帧通过。所以，需要在端口模式下指定哪些 VLAN 数据帧能够通过 Hybrid 端口，并指定是否剥离标签。配置命令为：

switchport hybrid allowed vlan *vlan-id-list* 〈tagged ｜ untagged 〉

第 3 步：在端口模式下设定 Hybrid 端口的默认 VLAN。配置命令为：

switchport hybrid native vlan *vlan-id*

注意：Trunk 端口不能直接被设置为 Hybrid 端口，只能先设置为 Access 端口，再设置为 Hybrid 端口。

【任务实施】

# 6.6　交换机配置实训

### 1. 实训目标

掌握交换机初始化配置。

### 2. 实训环境

交换机配置拓扑图如图 6-16 所示。

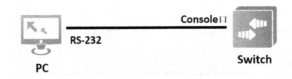

图 6-16　交换机配置拓扑图

### 3. 实训要求

通过 Console 线缆将 PC 与交换机 Switch 进行连接，并通过 PC 对交换机进行一系列初始化配置。

### 4. 实训步骤

（1）通过 Console 口登录。

①根据实训环境进行设备连接，将交换机的 Console 口用 Console 线缆与计算机的串口相连，线缆的 RJ-45 接口一端连接交换机的 Console 口，RS-232 接口一端连接计算机的串行口。

②启动计算机，运行超级终端。

在计算机的桌面上单击"开始"→"程序"→"附件"→"通信"→"超级终端"，根据向导创建超级终端，进入 Console 配置界面用户模式。

（2）对交换机进行初始化配置。

①进入特权模式。

```
Switch>enable
Switch#
```

②进入全局配置模式。

```
Switch#config terminal
Switch(config)#
```

③更改交换机名称为 SW A。

```
Switch(config)#hostname SW A
SW A(config)#
```

④配置 SW A 连接 PC 的 IP 地址。

```
SW A(config)#interface vlan 1
SW A(config-if-vlan 1)#ip address 192.168.1.1 255.255.255.0
SW A(config-if-vlan 1)#exit
```

⑤配置 Telnet 登录。

```
SW A(config)# username user1 password 1234 //创建用户名 user1 密码为 1234
SW A(config)#line vty 0 4
//进入 Telnet 密码配置模式，"0 4"表示共允许 5 个用户同时 Telnet 登录交换机
SW A(config-line)#login local //配置本地认证
SW A(config)#enable secret ruijie //配置进入特权模式的密码为 ruijie
SW A#write //保存配置
```

# 6.7 VLAN 配置实训

## 6.7.1 VLAN 基本配置实训

### 1. 实训目标
掌握相同 VLAN 间通信的基本配置。

### 2. 实训环境
VLAN 配置拓扑图如图 6-17 所示。

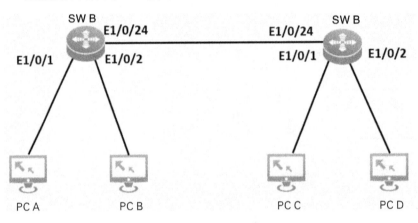

图 6-17 VLAN 配置拓扑图

### 3. 实训要求

按照图 6-17 建立实训环境，图中 PC A 与 PC C 属于 VLAN 10，PC B 与 PC D 属于 VLAN 20，交换机之间建立的端口链路类型为 Trunk，端口的默认 VLAN 是 VLAN 10，不同 VLAN 的 PC 之间禁止互访，用适当的命令检查网络连通情况。

### 4. 实训步骤
（1）配置 SW A 过程如下：

```
SW A(config)♯vlan 10 //创建 VLAN 10
SW A(config-vlan)♯add interface Ethernet 1/0/1 //将 E1/0/1 端口加入 VLAN 10
SW A(config)♯vlan 20 //创建 VLAN 20
SW A(config-vlan)♯add interface Ethernet 1/0/2 //将 E1/0/2 端口加入 VLAN 20
SW A(config)♯interface Ethernet 1/0/24 //进入端口 E1/0/24
SW A(config-if-Ethernet 1/0/24)♯switchport mode trunk //设置 E1/0/24 为 Trunk
SW A(config-if-Ethernet 1/0/24)♯switchport trunk allowed vlan only 10,20
```

```
//设置只有 VLAN 10 和 VLAN 20 可以通过当前 Trunk 端口
SW A#write
```

（2）配置 SW B 过程如下：

```
SW B(config)#vlan 10
SW B(config-vlan)#add interface Ethernet 1/0/1
SW B(config)#vlan 20
SW B(config-vlan)#add interface Ethernet 1/0/2
SW B(config)#interface Ethernet 1/0/24
SW B(config-if-Ethernet 1/0/24)#switchport mode trunk
SW B(config-if-Ethernet 1/0/24)#switchport trunk allowed vlan only 10,20
SW B#write
```

配置完成后，PC A 与 PC C 能够相互通信，PC B 与 PC D 能够相互通信；但 PC A 与 PC B，PC C 与 PC D 之间不能相互通信，请使用 Ping 命令加以验证。

在任意特权模式下可以使用 show 命令来查看交换机当前启用的 VLAN 和包含的端口。其输出信息如下：

```
SW A#show vlan
VLAN Name                        Status    Ports

1    default                     active
10   VLAN0010                    active    E1/0/1
20   VLAN0020                    active    E1/0/2
```

从输出信息中可以看到，目前交换机上有 VLAN 1、VLAN 10、VLAN 20 存在，E1/0/1 属于 VLAN 10，E1/0/2 属于 VLAN 20。

如果要查看某个具体 VLAN 所包含的端口，可以使用 show vlan id *vlan-id* 命令。其输出信息如下：

```
VLAN Name                        Status    Ports

10 VLAN0010                      active    E1/0/2
```

从输出信息中可以看到，VLAN 20 中包含了 E1/0/2。

### 6.7.2　VLAN 间通信配置实训

**1. 实训目标**

掌握不同 VLAN 间通信的基本配置。

### 2. 实训环境

VLAN 间通信拓扑图如图 6-18 所示。

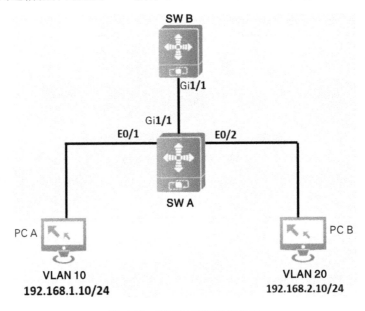

**图 6-18　VLAN 间通信拓扑图**

### 3. 实训要求

按照图 6-18 建立实训环境，PC A 与 PC B 在不同 VLAN，通过设置上层三层交换机 SW B 的 VLAN 10 接口的 IP 地址为 192.168.1.254/24，VLAN 20 接口的 IP 地址为 192.168.2.254/24，可以实现 VLAN 间的互访，用适当的命令检查网络连通情况。

### 4. 实训步骤

(1)配置 SW A 过程如下：

```
SW A(config)vlan 10      //创建 VLAN 10
SW A(config-vlan)add interface Ethernet 0/1      //将 E0/1 加入 VLAN 10
SW A(config)vlan 20      //创建 VLAN 20
SW A(config-vlan)add interface Ethernet 0/2      //将 E0/1 加入 VLAN 20
SW A(config)interface GigabitEthernet 1/1      //进入端口 Gi1/1
SW A(config-if-GigabitEthernet 1/1)switchport mode trunk
//配置端口 Gi1/1 为 Trunk 端口
SW A(config-if-GigabitEthernet 1/1)switchport trunk allowed vlan only 10,20
//允许 VLAN 10 和 VLAN 20 通过当前 Trunk 端口
```

（2）配置 SW B 过程如下：

```
SW B(config)vlan 10      //创建 VLAN 10
SW B(config-vlan)add interface Ethernet 0/1      //将 E0/1 加入 VLAN 10
SW B(config)interface vlan 10      //进入 VLAN 10 的虚接口
SW B(config-if-vlan)ip address 192.168.1.254 255.255.255.0
//设置 VLAN 10 的虚接口地址
SW B(config)vlan 10      //创建 VLAN 10
SW B(config-vlan)add interface Ethernet 0/2      //将 E0/2 加入 VLAN 20
SW B(config)interface vlan 20      //进入 VLAN 20 的虚接口
SW B(config-if-vlan)ip address 192.168.2.254 255.255.255.0
//设置 VLAN 20 的虚接口地址
SW B(config)interface GigabitEthernet 1/1      //进入端口 Gi1/1
SW B(config-if-GigabitEthernet1/1)♯switchport mode trunk
//设置端口 Gi1/1 为 Trunk 端口
SW B(config-if-GigabitEthernet1/1)♯switchport trunk allowed vlan only 10,20
//设置只有 VLAN 10 和 VLAN 20 可以通过当前 Trunk 端口
```

配置完成后，VLAN 10 与 VLAN 20 之间就能够相互通信了。请用 Ping 命令加以验证。

### 【任务小结】

本任务应掌握交换机的基本配置，通过交换机配置 VLAN 并实现 VLAN 间通信。通过对 VLAN 的配置，了解 VLAN 的作用是限制局域网中广播传送的范围；通过对以太网帧添加标签，理解交换机可以区分带有不同 VLAN 标签的数据帧；理解交换机的端口链路类型分为 Access、Trunk 和 Hybrid。

交换机命令如表 6-1 所示。

表 6-1 　　　　　　　　　　　　　　交换机命令

| 命令 | 操作 |
| --- | --- |
| enable | 进入特权模式 |
| config terminal | 进入全局配置 |
| hostname | 更改设备名 |
| exit | 退出 |
| show startup-config | 显示保存配置 |
| write | 保存配置 |

VLAN 命令如表 6-2 所示。

表 6-2                                **VLAN 命令**

| 命令 | 操作 |
| --- | --- |
| vlan *vlan-id* | 创建 VLAN 并进入 VLAN 配置模式 |
| add interface *interface-list* | 向 VLAN 中添加一个或一组 Access 端口 |
| switchport mode {access ｜ hybrid ｜ trunk} | 设置端口的链路类型 |
| switchport trunk allowed vlan { *vlan-id list* ｜ all } | 允许指定的 VLAN 通过当前 Trunk 端口 |
| show vlan | 显示交换机上的 VLAN 信息 |
| show interface [*interface-type* [*interface-number*]] | 显示指定接口当前的运行状态和相关信息 |
| show vlan *vlan-id* | 显示交换机上的指定 VLAN 信息 |

## 【任务拓展】

**1. 填空题**

(1)交换机(英文：_____)是一种用于电信号转发的网络设备，它能在通信系统中完成_____。

(2)以太网交换机工作在_____层。

(3)VLAN 技术的出现，主要为解决交换机在进行局域网互连时_____的问题。

(4)基于端口的 VLAN 是_____、_____的 VLAN 划分方法，它按照设备端口来定义 VLAN 成员。将指定端口加入指定 VLAN 中之后，该端口就可以_____指定 VLAN 的数据帧。

(5)Trunk 链路类型端口可以接收和发送多个带有 VLAN 标签的数据帧，且在_____和_____过程中不对帧中的标签进行任何操作。

(6)Hybrid 端口可以接收和发送多个带有 VLAN 标签的数据帧，还能够指定对哪些 VLAN 帧进行_____操作。

**2. 选择题(选择一项或多项)**

(1)VLAN 技术的优点是( )。

A. 增强通信的安全性                 B. 增强网络的健壮性

C. 建立虚拟工作组                  D. 限制广播域范围

(2)VLAN 编号最多是( )个。

A. 1024            B. 2048            C. 4096            D. 无限制

(3)Access 端口在接收到以太网帧后，需要进行( )操作；把以太网从端口转发出去时，需要进行( )操作。

A. 添加 VLAN 标签，添加 VLAN 标签

B. 添加 VLAN 标签，剥离 VLAN 标签

C. 剥离 VLAN 标签，剥离 VLAN 标签

D. 剥离 VLAN 标签，添加 VLAN 标签

(4)两台交换机之间互连，交换机上的 PC 属于相同的 VLAN 。如果要想使 PC 间

能够相互通信,则在通常情况下,需要设置交换机连接到 PC 的端口是( ),设置交换机之间相连的端口是( )。

A. Access 端口,Access 端口         B. Access 端口,Trunk 端口

C. Trunk 端口,Trunk 端口         D. Trunk 端口,Access 端口

(5)在默认情况下,交换机上所有端口属于 VLAN( )。

A. 0         B. 1         C. 1024         D. 4095

**3. 综合题**

为了防止网络广播风暴,保证网络通信的安全,某企业在网络构建中使用 VLAN 来隔开各部门间的二层交换流量。拓扑图如图 6-19 所示。

(1)其中部门 A(SW A)使用 VLAN 10。

(2)部门 B(SW B)使用 VLAN 20。

(3)部门 A 的终端用户使用 192.168.1.0/24 IP 网段,各终端用户配置的网关地址为 192.168.1.1。

(4)部门 B 的终端用户使用 192.168.2.0/24 IP 网段,各终端用户配置的网关地址为 192.168.2.1。

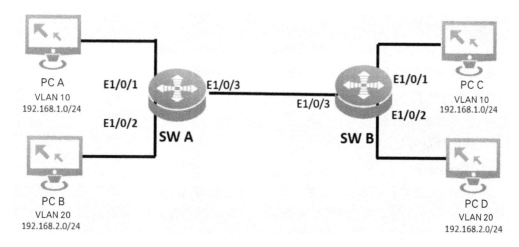

**图 6-19 某企业网络拓扑图**

现要求通过配置基于端口的 VLAN 10 和 VLAN 20 接口实现以下应用需求:

(1)同一 VLAN 内的主机能够二层互通,不同 VLAN 内的主机不能二层互通,能够三层互通。

(2)通过配置使 SW A 作为部门 A 中用户的网关,SW B 作为部门 B 中用户的网关。

(3)验证配置。

# 任务 7 生成树协议

【任务描述】

企业的网络通常是依据企业业务应用需求而构建的,在构建的过程中需要设计网络拓扑图,然后由网络工程师按照拓扑图的设计方案进行网络架设,架设过程中会用多台交换机来连接网络,此时为了避免广播风暴的产生,网络工程师就要考虑网络中的路径回环问题,也就是说,网络工程师要把网络设置成一棵没有回环的树。通过在交换机上配置 STP(spanning tree protocol,生成树协议)就可以解决路径回环的问题。

【知识储备】

## 7.1 STP 的产生背景

在以太网中,以太网数据报文不会被交换机做任何修改,而报文中也不会有它在多少个交换机间进行传输的记录。所以一旦以太网内有路径回环,那么报文就极有可能在回环的路径中往复循环并且越变越多,随后网络带宽就被环路中循环增多的报文逐渐占用,最终导致网络拥堵,甚至死机。

图 7-1 是一个由路径回环造成报文循环增多的模拟场景。

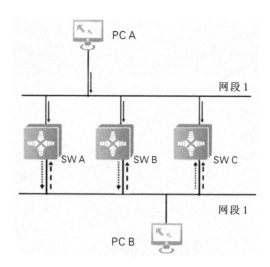

**图 7-1 环路造成数据帧循环和增生**

（1）假定 PC A 还没有发送过任何报文，因此交换机 SW A、SW B 和 SW C 的地址表中都没有 PC A 的地址记录。

（2）当 PC A 发送了一个报文，最初三台交换机都接收了这个报文，记录 PC A 的地址在链路 A 上，并将这个报文转发到链路 B 上。

（3）交换机 SW A 会将此报文转发到链路 B 上，从而 SW B 和 SW C 将会再次接收到这个报文，因为 SW A 对于 SW B 和 SW C 来说是透明的，这个报文就好像是 PC A 在链路 B 上发送的一样，于是 SW B 和 SW C 记录 PC A 在链路 B 上，将这个新报文转发到链路 A 上。

（4）同理，SW B 会将最初的报文转发到链路 B 上，那么 SW A 和 SW C 都接收到这个报文。SW C 认为 PC A 仍然在链路 B 上，而 SW A 发现 PC A 已经转移到链路 B 上了，然后 SW A 和 SW C 都会转发新报文到链路 A 上。如此下去，报文就在环路中不断循环。更糟糕的是，每次成功的报文发送都会导致网络中出现两个新报文，从而形成严重的广播风暴。

上述问题该如何解决呢？只要网络上不存在路径回环的话，问题自然就不会发生了。小型的网络可以很容易防止回环，一旦网络的构架变得庞大而又复杂，想要完全禁止回环就变得异常困难了，而且许多企业对网络的稳定性和可靠性有着严格的要求，此时网络工程师常常会采用环路的冗余备份来保证网络不会断开，所以说绝对的无环路网络几乎不存在。

为此，IEEE 设计了一个非常完善的解决方法，即 802.1D 协议标准中规定的 STP，STP 可以通过阻断网络中冗余链路的方式来消除路径回环，而且在当前使用的链路发生故障时，STP 会重新连通被阻断的冗余备份链路，以快速恢复网络的连通，从而保证网络的通畅。

图 7-2 所示为一个应用生成树的桥接网络，其中字符 Root 表示设备是生成树的根，实线是当前连通并工作的连接，虚线则是被 STP 防止回环而阻断的冗余链路，一旦活动连接被断开，STP 马上就会连通冗余链路。

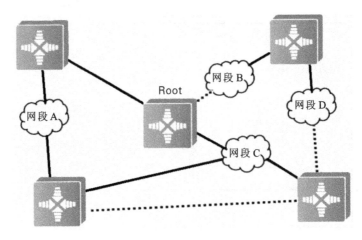

图 7-2　生成树网络

# 7.2　STP 概述

STP 是根据 IEEE 制定的 802.1D 标准建立的，是用于在局域网中消除数据链路层物理环路的协议。运行该协议的设备通过彼此交互信息发现网络中的环路，并有选择地对某些端口进行阻塞，最终将环路网络结构修剪成无环路的树形网络结构，从而防止数据帧在环路网络中不断增生和无限循环，避免出现设备由于重复接收相同的数据帧造成数据帧处理能力下降。

## 7.2.1　网桥协议数据单元

STP 采用的协议数据帧是 BPDU（bridge protocol data unit，网桥协议数据单元），生成树运算的信息都包含在 BPDU 当中。

BPDU 在 STP 中分为两类：

（1）Configuration BPDU：计算生成树以及用来修改生成树结构的数据帧。

（2）TCN BPDU：当生成树结构发生变化时，就会对相关设备发送变化情况的数据帧。

STP 的配置 BPDU 报文包含以下重要信息：

（1）根桥（root ID）：由根桥优先级和 MAC 地址组成。通过比较 BPDU 中的 root ID，STP 最终决定谁是根桥。

（2）根路径开销（root path cost）：到根桥的最小路径开销。如果是根桥，其根路径开销为 0；如果是非根桥，则为到达根桥的最小路径上所有路径开销之和。

（3）桥 ID（bridge ID）：生成或转发 BPDU 的桥 ID，由桥优先级（bridge priority）和桥 MAC 地址（bridge MAC address）组成。

（4）指定端口 ID（designated port ID）：发送 BPDU 的端口 ID，由端口优先级和端口索引号组成。

通常设备的端口在初始情况下都会生成自为根桥的配置信息,此时设备的根路径开销为 0,指定桥 ID 为当前设备 ID,指定端口为当前端口。每台设备都向外发送自己的配置消息,同时也会收到其他设备发送的配置消息。通过比较这些配置消息,交换机进行生成树计算,选举根桥,决定端口角色。最终,生成树计算的结果如下:

(1)对于整个 STP 网络,唯一的一个根桥被选举出来。

(2)对于所有的非根桥,选举出根端口和指定端口,负责流量转发。

网络收敛后,根桥会按照一定的时间间隔产生并向外发送配置 BPDU,BPDU 数据帧携带 root ID、root path cost、designated bridge ID、designated port ID 等信息,然后传播到整个网络。其他网桥收到 BPDU 数据帧后,根据数据帧中携带的信息进行计算,确定端口角色,然后向下游网桥发出更新后的 BPDU 数据帧。

### 7.2.2 根桥选举

树根是每个树形网络结构所必备的,而 STP 把树形网络结构中的树根叫作根桥。在网络中每台设备都有自己的桥 ID,桥 ID 由桥优先级和桥 MAC 地址两部分组成。桥 MAC 地址和网卡的 MAC 地址一样不可重复,这就使得桥 ID 也不会重复出现在网络中。在网络中对桥 ID 进行选择和比较时,以优先级最小的 ID 作为根桥;如果桥 ID 相同,通过对 MAC 地址进行比较,同样也是取数值小的为根桥。

网络建立之初,所有网络中的生成树设备都自我认定为根桥。根桥 ID 就是当前设备 ID,通过 BPDU 配置消息,比较各设备的根桥 ID,根桥 ID 最小的设备被选为根桥。根桥会按照一定的时间间隔产生并向外发送配置 BPDU,其他的设备对该配置 BPDU 进行转发,从而保证拓扑结构的稳定性。

在图 7-3 中,3 台交换机参与 STP 根桥选举。SW A 的桥 ID 为 0.0000-0000-0000,SW B 的桥 ID 为 0.0000-0000-0002,SW C 的桥 ID 为 8.0000-0000-0006。这 3 台交换机之间进行桥 ID 比较。因为 SW A 与 SW B 的桥优先级最小,所以排除 SW C;而比较 SW A 与 SW B 之间的 MAC 地址,发现 SW A 的 MAC 地址比 SW B 的 MAC 地址小,所以 SW A 被选举为根桥。

因为桥的 MAC 地址在网络中是唯一的,所以在网络中总是能够选举出根桥。

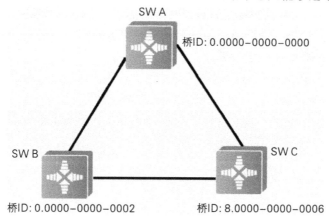

**图 7-3 根桥的选举**

### 7.2.3 端口角色的确定

STP 的作用就是断开有回路的连接,把网络修剪成没有冗余连接的无网络回环的树形网络结构。STP 修剪网络的时候是将网络中回环的某些端口设置为阻塞状态,从而封闭某条冗余的链路。下面是确定端口角色的过程。

(1)根桥上的所有端口为指定端口(designated port,DP)。

(2)根路径开销最小的为根端口(root port,RP),根端口通过最优路径到达根桥。

(3)桥 ID 较优的非根桥交换机的互联端口为指定端口,每个网段只能有一个指定端口。

(4)其余非指定的端口为替代端口(alternate port,AP),该端口处于阻塞状态,无法转发数据。

图 7-4 为一个 STP 确定端口角色的示例。

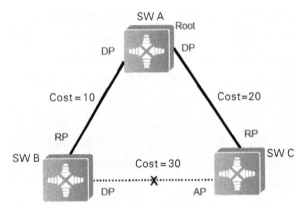

图 7-4 端口角色确定

### 7.2.4 根路径开销

根路径开销是生成树协议中用来定义网桥之间的距离远近的数值。它是到网桥间某条链路开销的代数总和。

没有进行端口选举的网桥都不是当前网络中的根桥,要成为网络中的根桥首先要求端口路径的开销最小,这个端口就是根端口;其次在链路中对各桥进行指定桥的选举,根路径开销最小的桥被选举为指定桥。

在日常使用中,链路的开销与物理带宽成反比。物理带宽越大,表明链路通过能力越强,则路径开销越小。

IEEE802.1D-1998 和 802.1t 定义了不同速率和工作模式下的以太网链路(端口)开销,网络公司根据实际的网络运行状况优化了开销的数值定义,制定了私有标准。上述三种标准的常用定义如表 7-1 所示。

表 7-1                                                                     链路开销标准

| 链路速率 | 802.1D-1998 | 802.1t | 私有标准 |
|---|---|---|---|
| 0 | 65535 | 200000000 | 200000 |
| 10Mbps | 100 | 2000000 | 2000 |
| 100Mbps | 19 | 200000 | 200 |
| 1000Mbps | 4 | 20000 | 20 |
| 10Gbps | 2 | 2000 | 2 |

　　网络公司对交换机默认采用私有标准定义的链路开销。交换机端口的链路开销可手动设置，用来帮助生成树进行路径选择。

　　图 7-5 为根路径开销计算示例。因为 SW A 是根桥，所以它发出的 BPDU 报文中携带的根路径开销为 0。SW B 从端口 E0/1 接收到 BPDU 报文后，将 BPDU 中的根路径开销与端口开销（千兆以太网链路的默认值是 20）相加，得出 20，则 SW B 的端口 E0/1 到根的根路径开销为 20。然后更新自己的 BPDU，从另一个端口 E0/2 转发出去。

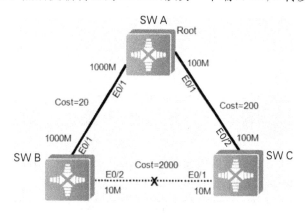

**图 7-5　根路径开销计算**

　　同理，SW C 从端口 E0/1 接收到 SW B 发出的 BPDU 报文后，将 BPDU 中的根路径开销 20 与端口开销 2000 相加，得出 2020，则 SW C 的端口 E0/1 到根的根路径开销为 2020。同样，可以计算出，SW B 的端口 E0/2 到根的根路径开销为 2200，SW C 的端口 E0/2 到根的根路径开销为 200。

### 7.2.5　通过桥 ID 决定端口角色

　　在通常情况下，如果生成树协议发现根路径开销相同，就会比较桥 ID 的大小，以此决定端口角色。

　　在网络中网桥间的多个端口到达根桥时，如果端口到达根桥的路径开销相同，生成树协议就会比较各端口当前设备的桥 ID，比较后，桥 ID 最小的端口被选举为根端口。

　　在图 7-6 中，SW D 有 2 个端口能到达根，且根路径开销是相同的。但因为 SW B 的桥 ID 小于 SW C 的桥 ID，所以连接 SW B 的端口为根端口。同样，SW B 被选举为 SW B

和 SW C 之间物理网段的指定桥,相连端口为指定端口。

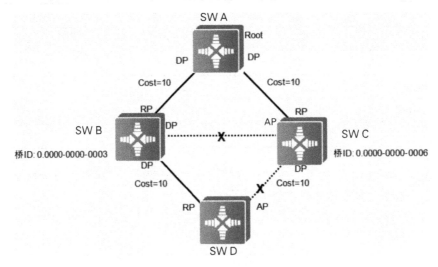

图 7-6 桥 ID 的作用

由于桥 ID 在网络中不能相同,因此桥 ID 在生成树协议判断网桥间每条路径的优劣中起到决定性的作用。

## 7.2.6 通过端口 ID 决定端口角色

生成树协议还会以端口 ID 来决定端口角色,比如网桥间端口到根的根路径开销相同,协议就会比较端口所连网桥的端口 ID,通过比较,端口 ID 最小的端口被选举为根端口。

端口优先级加上端口索引号组成设备的端口 ID。通过端口 ID 决定端口角色首先比较的是端口优先级,端口优先级小的比端口优先级大的端口优先。如果端口优先级相同,就对端口索引号进行比较,与端口优先级的比较方法相同,端口索引号小的比端口索引号大的端口要优先。

在图 7-7 中,SW B 上的 2 个端口连接到 SW A,这 2 个端口的根路径开销相同,上游指定桥 ID 也相同,生成树协议根据上游指定端口 ID 来判定,所连指定端口 ID 小的端口为根端口。

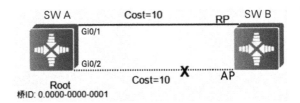

图 7-7 端口 ID 的作用

由于端口索引号无法改变,因此用户可以对端口优先级进行设置,来帮助生成树协议进行路径的选择。

### 7.2.7　端口状态

通常情况下,在802.1D的协议中,端口共有五种状态,如表7-2所示。

表7-2　　　　　　　　　　　　　　　端口状态

| 端口角色 | 端口状态 | 端口行为 |
| --- | --- | --- |
| 未启用 STP 功能的端口 | Disabled | 不接收或发送 BPDU 报文,接收或转发数据 |
| 非指定端口或根端口 | Blocking | 接收但不发送 BPDU 报文,不接收或转发数据 |
| — | Listening | 接收并发送 BPDU 报文,不接收或转发数据 |
| — | Learning | 接收并发送 BPDU 报文,不接收或转发数据 |
| 指定端口或根端口 | Forwarding | 接收并发送 BPDU 报文,接收并转发数据 |

Disabled:表示该端口处于无效的状态,端口不进行任何数据的交换。这种状态可能是端口物理层没有 UP 引起的,也可能是端口被网络工程师关闭而造成的。

Blocking:表示该端口不能转发或者主动发送数据,也不能进行地址学习,但可以接收数据,把端口的配置信息交给 CPU 进行处理。

Listening:处于这个状态的端口也不参与数据转发,不进行地址学习,但是可以接收并发送配置消息。

Learning:处于这个状态的端口同样不能转发数据,但是可以进行地址学习,也可以接收、处理和发送配置消息。

Forwarding:处于这个状态的端口可以转发任何数据,也可以进行地址学习和配置消息的接收、处理和发送。

以上五种状态中,Listening 和 Learning 属于不稳定的中间状态。

如图 7-8 所示,端口状态在满足一定条件的情况下可以进行端口状态的迁移。

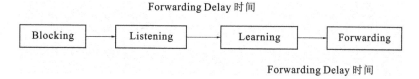

图 7-8　端口状态迁移

(1)当一个端口由于拓扑结构发生改变不再是根端口或指定端口时,就会立刻迁移到 Blocking 状态。

(2)当一个端口被选为根端口或指定端口时,就会从 Blocking 状态迁移到一个中间状态 Listening 状态;经历 Forwarding Delay 时间,迁移到下一个中间状态 Learning 状态;再经历一个 Forwarding Delay 时间,迁移到 Forwarding 状态。

从 Listening 状态迁移到 Learning 状态,或者从 Learning 状态迁移到 Forwarding 状态,都需要经过 Forwarding Delay 时间,以保证当网络的拓扑结构发生改变时,新的配置消息能够传遍整个网络,从而避免由于网络未收敛而造成临时环路。

在 802.1D 的协议中,默认的 Forwarding Delay 时间是 15s。

### 7.2.8 STP 的不足

前面介绍了有关 STP 的一些特性。在实际的应用中，STP 也有很多不尽如人意的地方（图 7-9）。主要表现为以下三个方面：

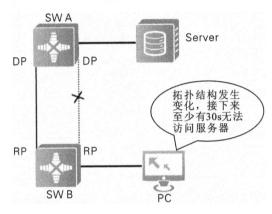

图 7-9　STP 的不足

（1）端口从 Blocking 状态进入 Forwarding 状态必须经历 2 倍的 Forwarding Delay 时间；

（2）如果网络中的拓扑结构变化频繁，网络会频繁地失去连通性；

（3）每次拓扑结构发生变化，都至少有 30s 无法访问服务器。

可以想象得到，当以上三种情况发生时网络中的用户是无法接受的，为了使网络更加通畅，性能更加稳定和适用，在交换机 STP 的基础上发展出 RSTP。

## 7.3　RSTP 概述

RSTP（rapid spanning tree protocol，快速生成树协议）是 STP 的升级版，由 IEEE 802.1W 进行定义。RSTP 的设计基础来源于 STP，它沿袭了 STP 的算法思路和设计理念，是通过配置信息进行生成树信息的传递，通过计算来比较生成树的优先级。

STP 的所有功能在 RSTP 中都得到了具体的运用，它们之间的不同之处在于：某个端口被选为根端口或被选为指定端口后，RSTP 的算法中减少了端口从 Blocking 状态到 Forwarding 状态的时延，并且尽可能快地恢复网络连通性，提供了亲和的用户服务。RSTP 的改进见表 7-3。

表 7-3　　　　　　　　　　　　　　　　　　　RSTP 的改进

| 情形 | STP 行为 | RSTP 行为 |
| --- | --- | --- |
| 端口被选为根端口 | 默认情况下，2 倍的 For-warding Delay 的时间延迟 | 存在阻塞的备份根端口情况下，仅有数毫秒延迟 |

续表

| 情形 | STP 行为 | RSTP 行为 |
| --- | --- | --- |
| 端口被选为指定端口 | 默认情况下,2 倍的 Forwarding Delay 的时间延迟 | 在指定端口是非边缘端口的情况下,延迟影响因素较多 |
| | | 在指定端口是边缘端口的情况下,指定端口可以直接进入 Forwarding 状态,没有延迟 |

RSTP 比 STP 快速体现在以下三个方面:

**1. 端口被选为根端口**

交换机上的两个端口分别是根端口和备用端口(通常备用端口处于阻塞状态)。它们都能够到达根桥。在实际的网络运行中如果根端口出于某种原因失效,那么原来的备用端口就会从阻塞状态变为连通状态,同时这个端口还会被选为根端口,这也是一种平时所说的网络断开后又重新建立连接的情况,而从断开到重新连接的时间就是前面一个根端口到现在这个根端口的切换时间,没有任何的延时,也不用做 BPDU 的传递,只是在 CPU 处理信息的过程中产生了一个延时,时间只有几毫秒。

**2. 端口被选为非边缘指定端口**

非边缘指定端口指的是当前端口并不是只连接到其他终端上,而是连接到其他网桥上。这是一种相对复杂的情况,此时如果交换机之间是点对点连接的链路,当前交换机就需要发送握手数据请求给网络上的其他交换机,进行"建议—同意—握手"机制的协商,当某台交换机发出"同意"请求后,当前交换机的端口就能进入转发状态。

由此可见,RSTP 的性能受点对点链路的影响非常大,下面列举点对点链路的几种情况:

(1)该端口是一个链路聚合端口;

(2)该端口支持自协商功能,通过协商后,端口工作在全双工模式;

(3)管理者将该端口配置为一个全双工模式的端口。

如果是非点对点链路,网络连通的恢复时间就是 2 倍的 Forwarding Delay 时间,默认情况下是 30s,这跟 STP 没有区别。

RSTP 在进行协商时,网络收敛时间由当前网络的直径来决定。耗时最久的情况是,握手协商是从网络的某一边开始传递到网络的另一边。比如,网络直径为 5,最多要经过 4 次握手,网络的连通性才会被恢复。

**3. 端口被选为边缘指定端口**

边缘指定端口是指不与交换机相连,只连接终端的端口。快速生成树协议对这些端口不进行计算,这些端口能够快速进入数据的转发状态没有任何延时,并且没有任何网络的回环出现。

从快速生成树协议的工作机制可看出,RSTP 遇到网络拓扑环境变化,能快速收敛,从而增强网络的稳定性和可靠性。这就好比中国共产党和中国人民面对困难和严峻的疫情防控形势,急速响应,众志成城;只有集中力量办大事的社会主义制度,才能保证各项措施顺利落实到位，保证疫情防控高效统一，也只有秉持守望相助的中华民族，才能在短时间内就动员起举国上下众志成城的力量。中华民族只有在严峻的考验中激发更大的团结和力量，才能取得抗击新冠肺炎疫情的伟大胜利。

# 7.4 MSTP 概述

STP 使用生成树算法，通过有选择性地阻塞网络冗余链路来达到消除网络二层环路的目的，同时具备链路的备份功能。生成树协议和其他协议一样，是随着网络的不断发展而不断更新换代的，RSTP 就是在 STP 的基础上加以改进而形成的，通过加快网络结构的收敛速度进一步提升网络的使用效率。

然而，当前的交换网络往往工作在多 VLAN 环境下，而 STP 和 RSTP 只是把交换网络看成一个生成树进行工作，为每个 VLAN 建立一个生成树，对于小型的局域网它们还可以胜任，一旦网络结构稍微扩大到使用更多 VLAN，一个局域网中就会产生许许多多的生成树，这样就给网络工程师的维护和管理工作带来困难，同时无法实现多 VLAN 容错，很容易出现单点失效的情况，最重要的是每个 VLAN 隔 2s 就会发送一个 BPDU 数据帧，时间一长交换机是无法承受的。

为了解决这个问题，IEEE 工作组又开发了新的技术，即 IEEE 802.1s 中定义的一种新型生成树协议——多生成树协议（multiple spanning tree protocol，MSTP），它可以在复杂的网络中实现多 VLAN 的负载均衡。

MSTP 的特点如下：

（1）MSTP 设置 VLAN 映射表（即 VLAN 和生成树的对应关系表），把 VLAN 和生成树联系起来；增加"实例"（将多个 VLAN 整合到一个集合中）这个概念，通过将多个 VLAN 捆绑到一个实例中，以节省通信开销和资源占用率。

（2）MSTP 把一个交换网络划分成多个域，每个域内形成多棵生成树，生成树之间彼此独立。

（3）MSTP 将环路网络修剪成一个无环路的树形网络，避免报文在环路网络中的增生和无限循环，同时还提供了数据转发的多个冗余路径，在数据转发过程中实现 VLAN 数据的负载分担。

（4）MSTP 兼容 STP 和 RSTP。

在图 7-10 中，PC A 属于 VLAN 10，VLAN 10 被绑定到实例 A 中；SW B 至 SW A 之间的链路在实例 A 中是连通的，所以 PC A 到 Server 的数据帧就通过 SW B 至 SW A 之间的路径传递。同理，PC B 属于 VLAN 20，VLAN 20 被绑定到实例 B 中；PC B 到 Server 的数据帧就通过 SW C 至 SW A 之间的路径传递。可以看出，此网络通过 MSTP 能实现不同 VLAN 的数据流有不同的转发路径。

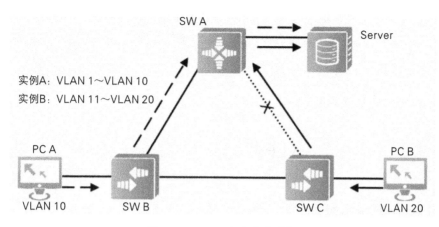

实例A：VLAN 1～VLAN 10
实例B：VLAN 11～VLAN 20

**图 7-10　MSTP 负责负载分担**

# 7.5　三种生成树协议的比较

如表 7-4 所示，STP 可以在交换网络中形成一棵无环路的树，解决环路故障并实现冗余备份。

RSTP 在 STP 功能基础上，通过使根端口快速进入转发状态、采用握手机制和设置边缘端口等方法，提供了更快的收敛速度。

MSTP 则可以在大规模、多 VLAN 环境下形成多个生成树实例，从而高效地实现多 VLAN 负载均衡。

表 7-4　　　　　　　　　　**三种生成树协议的比较**

| 特性 | STP | RSTP | MSTP |
|---|---|---|---|
| 解决环路故障并实现冗余备份 | 是 | 是 | 是 |
| 快速收敛 | 否 | 是 | 是 |
| 形成多棵生成树实现负载分担 | 否 | 否 | 是 |

MSTP 同时兼容 STP、RSTP。STP、RSTP 两种协议数据帧都可以被运行 MSTP 的设备识别并应用于生成树计算。

另外，RSTP/MSTP 与 STP 的端口状态也有所不同，从 STP 的五种端口状态变成三种，其对应关系如表 7-5 所示。

表 7-5　　　　　　　　　　**生成树协议的端口状态对比**

| STP 端口状态 | RSTP/MSTP 端口状态 |
|---|---|
| Disabled | Discarding |
| Blocking | Discarding |
| Listening | Discarding |
| Learning | Learning |
| Forwarding | Forwarding |

在 RSTP/MSTP 中，取消了 Listening 这个中间状态，并且把 Disabled、Blocking、Listening 三种状态合并为 Discarding 状态，减少状态数量，简化生成树计算，加快收敛速度。

在实际应用中，由于 MSTP 能够实现不同 VLAN 间数据流的负载分担，因此，在可能的情况下，网络中尽量使用 MSTP 以避免网络的路径回环产生。

# 7.6  STP 的基本配置及优化

## 7.6.1  STP 基本配置

通常，交换机在缺省的情况下生成树功能是没有开启的。在网络构建的过程中如果需要规避路径回环的产生，并且需要网络具有冗余容错的功能，我们就要在全局配置模式下开启生成树功能：

Switch(config)# spanning-tree

如果不需要生成树，则可以在全局配置模式下关闭生成树功能：

Switch(config)# no spanning-tree

MSTP 和 RSTP 能够互相识别对方的协议报文，互相兼容。而 STP 无法识别 MSTP 的报文，MSTP 为了实现和 STP 设备的混合组网，同时完全兼容 RSTP，设定了三种工作模式，即 STP 兼容模式、RSTP 模式、MSTP 模式。交换机默认工作在 MSTP 模式下，可以通过以下命令在全局配置模式下设置工作模式：

Switch(config)# spanning-tree mode { stp | rstp | mstp }

## 7.6.2  配置优化 STP

在缺省的情况下，所有交换机的优先级是相同的。此时，STP 只能根据 MAC 地址选择根桥，MAC 地址最小的桥为根桥。但实际上，这个 MAC 地址最小的桥并不一定就是最佳的根桥。

我们可以通过配置网桥的优先级来指定根桥。优先级越小，该网桥就越有可能成为根桥。配置命令为：

Switch(config)# spanning-tree {mst *instance-id*} priority *priority*

在 MSTP 多实例情况下，使用 mst *instance-id* 参数来指定交换机在每个实例中的优先级。

在 RSTP、MSTP 模式下，可以设置某些直接与用户终端相连的端口为边缘端口。当网络拓扑变化时，这些端口可以实现快速迁移到转发状态，而无须等待延迟时间。因此，如果管理员确定某端口是直接与终端相连，可以配置其为边缘端口，从而极大地加快生成树收敛速度。

在接口模式下配置某端口为边缘端口，命令如下：

Switch(config-if)# spanning-tree portfast

# 7.7　MSTP 的配置

## 7.7.1　Spanning Tree 的缺省配置

Spanning Tree 的缺省配置如表 7-6 所示。

表 7-6                              **Spanning Tree 的缺省配置**

| 项目 | 缺省值 |
|---|---|
| Enable State | Disable，不打开 STP |
| STP MODE | MSTP |
| STP Priority | 32768 |
| STP port Priority | 128 |
| STP port cost | 根据端口速率自动判断 |
| Hello Time | 2s |
| Forward-Delay Time | 15s |
| Max-Age Time | 20s |
| Path Cost | 长整型 |
| Tx-Hold-Count | 3 |
| Link-type | 根据端口双工状态自动判断 |
| Maximum-Hop count | 20 |
| VLAN 与实例对应关系 | 所有 VLAN 属于实例 0，只存在实例 0 |

可通过 spanning-tree reset 命令让 Spanning Tree 参数恢复到缺省配置（不包括关闭 Span）。

## 7.7.2　打开、关闭 Spanning Tree 协议

设备在默认情况下生成树协议是关闭的，用户可通过输入 Spanning-tree 命令来启用生成树功能，并且默认开启的是 MSTP 协议。

进入特权模式，按照表 7-7 中的步骤打开 Spanning Tree 协议。

表 7-7                          **打开 Spanning Tree 协议步骤**

| 命令 | 作用 |
|---|---|
| Switch# configure terminal | 进入全局配置模式 |
| Switch(config)# spanning-tree | 打开 Spanning Tree 协议 |
| Switch(config)# end | 退回特权模式 |
| Switch# show spanning-tree | 核对配置条目 |
| Switch# copy running-config startup-config | 保存配置 |

如果要关闭 Spanning Tree 协议,可用 no spanning-tree 全局配置命令进行设置。

### 7.7.3　配置 Spanning Tree 的模式

按 802.1 相关协议标准,STP、RSTP、MSTP 这三个版本的 Spanning Tree 协议无须管理员再多做设置,版本间会互相兼容。但考虑到有些厂家不完全按标准设置,可能会导致一些兼容性问题的出现。因此我们提供了一条相关的配置命令,以供管理员在发现其他厂家的设备与本设备不兼容时,能够切换到低版本的 Spanning Tree 模式,以兼容之。

设备的缺省模式是 MSTP 模式。进入特权模式,按照表 7-8 中的步骤配置 Spanning Tree 模式:

表 7-8　　　　　　　　　　　　　　**配置 Spanning Tree 模式步骤**

| 命令 | 作用 |
| --- | --- |
| Switch＃ configure terminal | 进入全局配置模式 |
| Switch(config)＃ spanning-tree mode mstp / rstp / stp | 切换 Spanning Tree 模式 |
| Switch(config)＃ end | 退回特权模式 |
| Switch＃ show spanning-tree | 核对配置条目 |
| Switch＃ copy running-config startup-config | 保存配置 |

如果要恢复 Spanning Tree 协议的缺省模式,可用 no spanning-tree mode 全局配置命令进行设置。

### 7.7.4　配置设备优先级(Switch Priority)

设置设备的优先级关系着选择哪个设备为整个网络的根,同时也关系到整个网络的拓扑结构。建议管理员把核心设备的优先级设置得高一些(数值小),这样有利于保持整个网络的稳定性。可以给不同的 Instance 分配不同的设备优先级,各个 Instance 可根据这些值运行独立的生成树协议。对于不同 Region 间的设备,它们只关心 CIST (Instance 0)的优先级。

由桥 ID 可知,优先级的设置值有 16 个,均为 4096 的倍数,分别是 0,4096,8192,12288,16384,20480,24576,28672,32768,36864,40960,45056,49152,53248,57344,61440。缺省值为 32768。

进入特权模式,按照表 7-9 中的步骤配置设备优先级。

表 7-9　　　　　　　　　　　　　　**配置设备优先级步骤**

| 命令 | 作用 |
| --- | --- |
| Switch＃ configure terminal | 进入全局配置模式 |
| Switch(config)＃ spanning-tree [mst *instance-id*] priority *priority* | 针对不同的 Instance 配置设备的优先级,如果不加 Instance 参数,则表示对 Instance 0 进行配置。*instance-id*,范围为 0～64;*priority* 取值范围为 0～61440,按 4096 的倍数递增,缺省值为 32768 |

续表

| 命令 | 作用 |
|---|---|
| Switch(config)# end | 退回特权模式 |
| Switch# show running-config | 核对配置条目 |
| Switch# copy running-config startup-config | 保存配置 |

如果要恢复到缺省值,可用 no spanning-tree mst *instance-id* priority 全局配置命令进行设置。

### 7.7.5　配置端口优先级(Port Priority)

当有两个端口都连接在一个共享介质上时,设备会选择一个高优先级(数值小)的端口进入 Forwarding 状态,低优先级 (数值大)的端口进入 Discarding 状态。如果两个端口的优先级一样,就选端口号小的那个进入 Forwarding 状态。可以在一个端口上给不同的 Instance 分配不同的端口优先级,各个 Instance 可根据这些值运行独立的生成树协议。

和设备的优先级一样,优先级的设置值也有 16 个,都为 16 的倍数,分别是 0,16,32,48,64,80,96,112, 128,144,160,176,192,208,224,240。缺省值为 128。

进入特权模式,按照表 7-10 中的步骤配置端口优先级。

表 7-10　　　　　　　　　　　　　　配置端口优先级步骤

| 命令 | 作用 |
|---|---|
| Switch# configure terminal | 进入全局配置模式 |
| Switch(config)# interface *interface-id* | 进入该 Interface 的配置模式,合法的 Interface 包括物理端口和 Aggregate Link |
| Switch(config-if)# spanning-tree [mst *instance-id*] port-priority *priority* | 针对不同的 Instance 配置端口的优先级,当不加 Instance 参数时,即对 Instance 0 进行配置。*instance-id* 范围为 0～64,配置该 Interface 的优先级,*priority* 取值范围为 0～240,按 16 的倍数递增。缺省值为 128 |
| Switch(config-if)# end | 退回特权模式 |
| Switch# show spanning-tree [mst *instance-id*] interface *interface* | 核对配置条目 |
| Switch# copy running-config startup-config | 保存配置 |

如果要恢复到缺省值,可用 no spanning-tree mst *instance-id* port-priority 接口配置命令进行设置。

### 7.7.6　配置端口的路径开销(Path Cost)

设备是根据端口到根桥的 Path Cost 总和最小而选定 Root Port 的,因此 Port Path

Cost 的设置关系到本设备 Root Port。它的缺省值是按 Interface 的链路速率（The Media Speed）自动计算的，速率高的开销小，如果管理员没有特别需要可不必更改它，因为这样计算出的 Path Cost 最科学。可以在一个端口上针对不同的 Instance 分配不同的路径开销，各个 Instance 可根据这些值运行独立的生成树协议。

进入特权模式，按照表 7-11 中的步骤配置端口路径开销。

表 7-11　　　　　　　　　　　　　　配置端口路径开销步骤

| 命令 | 作用 |
| --- | --- |
| Switch # configure terminal | 进入全局配置模式 |
| Switch（config）# interface *inter-face-id* | 进入该 Interface 的配置模式，合法的 Interface 包括物理端口和 Aggregate Link |
| Switch（config-if）# spanning-tree [mst *instance-id*] cost *cost* | 针对不同的 Instance 配置端口的优先级，当不加 Instance 参数时，即对 Instance 0 进行配置。*instance-id* 范围为 0～64。cost，即配置该端口上的开销，取值范围为 1～200000000。缺省值根据 Interface 的链路速率自动计算 |
| Switch（config-if）# end | 退回特权模式 |
| Switch # show spanning-tree [mst *instance-id*] interface *interface-id* | 核对配置条目 |
| Switch # copy running-config startup-config | 保存配置 |

如果要恢复到缺省值，可用 no spanning-tree mst cost 接口配置命令进行设置。

### 7.7.7　配置 Path Cost 的缺省计算方法（path cost method）

当端口 Path Cost 为缺省值时，设备会自动根据端口速率计算出该端口的 Path Cost。但 IEEE 802.1D-1998 和 IEEE 802.1t 对相同的链路速率规定了不同 Path Cost 值，802.1D-1998 规定的取值范围是短整型（short）（1～65535），802.1t 规定的取值范围是长整型（long）（1～200000000）。其中对于 AP 的 Cost 值有两个方案：锐捷的私有化方案中，物理端口的 Cost 值为标准方案值的 95%；标准推荐的方案为 20000000000/（AP 的实际链路带宽），其中 AP 的实际链路带宽为成员口的带宽×UP 成员口个数。请管理员一定要统一好整个网络内 Path Cost 的标准。缺省模式为私有长整型模式。

进入特权模式，按照表 7-12 中的步骤配置端口路径开销的缺省计算方法。

表 7-12　　　　　　　　　　　　　　配置端口路径开销的缺省步骤

| 命令 | 作用 |
| --- | --- |
| Switch # configure terminal | 进入全局配置模式 |
| Switch（config）# spanning-tree pathcost method {{long [standard]} \| short} | 配置端口路径开销的缺省计算方法，设置值为私有长整型（long）、标准长整型（standard long）或短整型（short），缺省值为私有长整型（long） |
| Switch（config）# end | 退回特权模式 |

续表

| 命令 | 作用 |
|---|---|
| Switch# show running-config | 核对配置条目 |
| Switch# copy running-config startup-config | 保存配置 |

如果要恢复到缺省值,可用 no spanning-tree pathcost method 全局配置命令进行设置。

### 7.7.8　配置问候时间(Hello Time)

配置设备定时发送 BPDU 报文的时间间隔。缺省值为 2s。进入特权模式,按照表 7-13 中的步骤配置 Hello Time。

表 7-13　　　　　　　　　　　　　　**配置问候时间步骤**

| 命令 | 作用 |
|---|---|
| Switch# configure terminal | 进入全局配置模式 |
| Switch(config)# spanning-tree hello-time *seconds* | 配置 Hello Time,取值范围为 1~10s,缺省值为 2s |
| Switch(config)# end | 退回特权模式 |
| Switch# show running-config | 核对配置条目 |
| Switch# copy running-config startup-config | 保存配置 |

如果要恢复到缺省值,可用 no spanning-tree hello-time 全局配置命令进行设置。

### 7.7.9　配置时间间隔(Forward-Delay Time)

配置端口状态改变的时间间隔。缺省值为 15s。进入特权模式,按照表 7-14 中的步骤配置 Forward-Delay Time。

表 7-14　　　　　　　　　　　　　　**配置时间间隔步骤**

| 命令 | 作用 |
|---|---|
| Switch# configure terminal | 进入全局配置模式 |
| Switch(config)# spanning-tree forward-time *seconds* | 配置 Forward-Delay Time,取值范围为 4~30s,缺省值为 15s |
| Switch(config)# end | 退回特权模式 |
| Switch# show running-config | 核对配置条目 |
| Switch# copy running-config startup-config | 保存配置 |

如果要恢复到缺省值,可用 no spanning-tree forward-time 全局配置命令进行设置。

### 7.7.10　配置最大生存时间（Max-Age Time）

配置最大生存时间。缺省值为 20s。进入特权模式，按照以下步骤配置 Max-Age Time。

表 7-15　配置最大生存时间步骤

| 命令 | 作用 |
| --- | --- |
| Switch# configure terminal | 进入全局配置模式 |
| Switch(config)# spanning-tree max-age *seconds* | 配置 Max-Age Time,取值范围为 6～40s,缺省值为 20s |
| Switch(config)# end | 退回特权模式 |
| Switch# show running-config | 核对配置条目 |
| Switch# copy running-config startup-config | 保存配置 |

如果要恢复到缺省值,可用 no spanning-tree max-age 全局配置命令进行设置。

### 7.7.11　配置 Tx-Hold-Count

配置每秒发送 BPDU 的最大个数,缺省值为 3 个。进入特权模式,按照表 7-16 中的步骤配置 Tx-Hold-Count。

表 7-16　配置 Tx-Hold-Count 步骤

| 命令 | 作用 |
| --- | --- |
| Switch# configure terminal | 进入全局配置模式 |
| Switch（config）# spanning-tree tx-hold-count *numbers* | 配置每秒发送 BPDU 的最大个数,取值范围为 1～10 个, 缺省值为 3 个 |
| Switch(config)# end | 退回特权模式 |
| Switch# show running-config | 核对配置条目 |
| Switch# copy running-config startup-config | 保存配置 |

如果要恢复到缺省值,可用 no spanning-tree tx-hold-count 全局配置命令进行设置。

### 7.7.12　配置 Link-type

配置该端口的连接类型,若配置为“点对点连接”,则 RSTP 能快速地收敛。当不设置该值时,设备会根据端口的“双工”状态来自动设置。全双工的端口设置 Link-type 为 point-to-point,半双工设为 shared。

进入特权模式,按表 7-17 中的步骤配置端口的 Link-type。

表 7-17                                     配置端口连接类型步骤

| 命令 | 作用 |
|---|---|
| Switch# configure terminal | 进入全局配置模式 |
| Switch(config)# interface *interface-id* | 进入接口配置模式 |
| Switch(config-if)# spanning-tree link-type point-to-point / shared | 配置该 Interface 的连接类型,缺省值根据端口"双工"状态来自动设置。全双工为"点对点连接",即可以快速转发 |
| Switch(config-if)# end | 退回特权模式 |
| Switch# show running-config | 核对配置条目 |
| Switch# copy running-config startup-config | 保存配置 |

如果要恢复到缺省值,可用 no spanning-tree link-type 接口配置命令进行设置。

### 7.7.13 配置 Protocol Migration 处理

该设置是让该端口强制进行版本检查。相关说明可参考 RSTP 与 STP 的兼容,命令见表 7-18。

表 7-18                   配置 Protocol Migration 处理相关命令

| 命令 | 作用 |
|---|---|
| Switch# clear spanning-tree detected-protocols | 对所有端口强制进行版本检查 |
| Switch# clear spanning-tree detected-protocols interface *interface-id* | 针对一个端口进行版本检查 |

### 7.7.14 配置 MSTP Region

要让多台设备处于同一个 MSTP Region,就要让这几台设备有相同的名称、相同的修订号(Revision Number)、相同的 Instance 包含 VLAN 对应表。你可以配置 0~64 号 Instance 包含的 VLAN,剩下的 VLAN 就自动分配给 Instance 0。一个 VLAN 只能属于一个 Instance。

我们建议在关闭 STP 的模式下配置 Instance 包含 VLAN 的对应表,配置好后再打开 MSTP,以保证网络拓扑的稳定和收敛。

进入特权模式,按表 7-19 中的步骤配置 MSTP Region。

表 7-19                               配置 MSTP Region 步骤

| 命令 | 作用 |
|---|---|
| Switch# configure terminal | 进入全局配置模式 |
| Switch(config)# spanning-tree mst configuration | 进入 MST 配置模式 |

续表

| 命令 | 作用 |
|---|---|
| Switch(config-mst) # instance *instance-id* vlan *vlan-range* | 把 VLAN 组添加到一个 MST Instance 中，*Instance-id* 范围为 0～64；*vlan-range* 范围为 1～4094。举例来说：Instance 1 VLAN 2～200 就是把 VLAN 2 到 VLAN 200 都添加到 Instance 1 中。Instance 1 VLAN 2, 20, 200 就是把 VLAN 2、VLAN 20、VLAN 200 添加到 Instance 1 中。同样，可以用 no 命令把 VLAN 从 Instance 中删除，删除的 VLAN 自动转入 Instance 0 |
| Switch(config-mst) # name *name* | 指定 MST 配置名称，该字符串最多可以有 32 个字节 |
| Switch(config-mst) # revision *version* | 指定 MST Revision Number，范围为 0～65535。缺省值为 0 |
| Switch(config-mst) # show spanning-tree mst configuration | 核对 MST 的配置条目 |
| Switch(config-mst) # end | 退回特权模式 |
| Switch # copy running-config startup-config | 保存配置 |

要恢复缺省的 MST Region Configuration 配置，可以用 no spanning-tree mst configuration 全局配置命令，也可以用 no instance *instance-id* 来删除该 Instance。同样，使用 no name、no revision 命令可以分别把 MST Name、MST Revision Number 恢复到缺省值。

以下为配置实例：

```
Switch(config) # spanning-tree mst configuration
Switch(config-mst) # instance 1 vlan 10-20
Switch(config-mst) # name region 1
Switch(config-mst) # revision 1
Switch(config-mst) # show spanning-tree mst configuration
Multi spanning tree protocol : Enable Name [region 1]
Revision 1
Instance Vlans Mapped
--------------------
0 1-9,21-4094
1 10-20

Switch (config-mst) # exit
Switch(config) #
```

### 7.7.15　配置 Maximum-Hop Count

配置 Maximum-Hop Count，即指定 BPDU 在一个 Region 内经过多少台设备后被丢弃。它对所有 Instance 有效。进入特权模式，按表 7-20 中的步骤配置 Maximum-Hop Count。

表 7-20　　　　　　　　　　　**配置 Maximum-Hop Count 步骤**

| 命令 | 作用 |
| --- | --- |
| Switch# configure terminal | 进入全局配置模式 |
| Switch（config）# spanning-tree max-hops *hop-count* | 配置 Maximum-Hop Count，范围为 1～40，缺省值为 20 |
| Switch(config)# end | 退回特权模式 |
| Switch# show running-config | 核对配置条目 |
| Switch# copy running-config startup-config | 保存配置 |

如果要恢复到缺省值，可用 no spanning-tree max-hops 全局配置命令进行设置。

### 7.7.16　配置接口的兼容性模式

打开接口的兼容性模式后，该端口在发送 BPDU 时能根据当前端口的属性有选择性地携带不同的多生成树实例（MSTI）的信息，以实现与其他厂商之间的互连。

进入特权模式，按表 7-21 中的步骤配置接口的兼容性模式。

表 7-21　　　　　　　　　　　**配置接口的兼容性模式步骤**

| 命令 | 作用 |
| --- | --- |
| Switch# configure terminal | 进入全局配置模式 |
| Switch(config)# interface *interface-id* | 进入接口配置模式 |
| Switch(config-if)# spanning-tree compatible enable | 打开接口的兼容性模式 |
| Switch(config-if)# end | 退回特权模式 |
| Switch# show running-config | 核对配置条目 |
| Switch# copy running-config startup-config | 保存配置 |

如果要取消该配置，可用 no spanning-tree compatible enable 接口配置命令进行设置。

### 7.7.17 清除 STP 统计信息

该设置是清除 STP 的收发包统计信息。收发包统计信息可以通过 show spanning-tree counters 命令查看（表 7-22）。

表 7-22 　　　　　　　　　　　　清除 STP 统计信息命令

| 命令 | 作用 |
| --- | --- |
| Switch♯ clear spanning-tree counters | 清除所有端口的收发包统计信息 |
| Switch♯ clear spanning-tree counters interface *interface-id* | 清除指定端口的收发包统计信息 |

# 7.8　配置 MSTP 可选特性

### 7.8.1　缺省的生成树可选特性设置

可选特性除了边缘口的自动识别功能缺省打开外，其他功能缺省都是关闭的。

### 7.8.2　配置边缘端口（Port Fast）

启用 Port Fast 后，端口会直接进入 Forwarding 状态。如果在该端口上收到 BPDU 会使端口关闭 Port Fast 功能，并恢复成普通端口，重新参与到 STP 的计算中。

进入特权模式，按表 7-23 中的步骤配置 Port Fast。

表 7-23 　　　　　　　　　　　　　配置 Port Fast 步骤

| 命令 | 作用 |
| --- | --- |
| Switch♯　configure terminal | 进入全局配置模式 |
| Switch(config)♯ interface *interface-id* | 进入该 Interface 的配置模式，合法的 Interface 包括物理端口和 Aggregate Link |
| Switch(config-if)♯ spanning-tree portfast | 打开该 Interface 的边缘端口 |
| Switch(config-if)♯ end | 退回特权模式 |
| Switch♯ show spanning-tree interface *interface-id* portfast | 核对配置条目 |
| Switch♯ copy running-config startup-config | 保存配置 |

如果要关闭 Port Fast，在 Interface 配置模式下用 spanning-tree portfast disable 命令进行设置。可以用全局配置命令 spanning-tree portfast default 将所有端口配置为边缘端口。

### 7.8.3 打开 BPDU Guard

端口打开 BPDU Guard 后,如果在该端口上接收到 BPDU,则会进入 Error-disabled 状态。

进入特权模式,按表 7-24 中的步骤打开 BPDU Guard。

表 7-24　　　　　　　　　　　**打开 BPDU Guard 步骤**

| 命令 | 作用 |
|---|---|
| Switch# configure terminal | 进入全局配置模式 |
| Switch(config)# spanning-tree portfast bpdu-guard default | 打开全局的 BPDU Guard |
| Switch(config)# interface *interface-id* | 进入该 Interface 的配置模式,合法的 Interface 包括物理端口和 Aggregate Link |
| Switch(config-if)# spanning-tree portfast | 打开该 Interface 的边缘端口,全局的 BPDU Guard 配置才生效 |
| Switch(config-if)# end | 退回特权模式 |
| Switch# show running-config | 核对配置条目 |
| Switch# copy running-config startup-config | 保存配置 |

如果要关闭 BPDU Guard,可用全局配置命令 no spanning-tree portfast bpduguard default 进行设置。

如果要针对单个 Interface 打开 BPDU Guard,可用 Interface 配置命令 spanning-tree bpduguard enable 进行设置,用 spanning-tree bpduguard disable 关闭 BPDU Guard。

### 7.8.4 打开 BPDU Filter

打开 BPDU Filter 后,相应端口既不发送 BPDU,也不接收 BPDU。

进入特权模式,按表 7-25 中的步骤打开 BPDU Filter。

表 7-25　　　　　　　　　　　**打开 BPDU Filter 步骤**

| 命令 | 作用 |
|---|---|
| Switch# configure terminal | 进入全局配置模式 |
| Switch(config)# spanning-tree portfast bpdu-filter default | 打开全局的 BPDU Filter |
| Switch(config)# interface *interface-id* | 进入该 Interface 的配置模式,合法的 Interface 包括物理端口和 Aggregate Link |
| Switch(config-if)# spanning-tree portfast | 打开该 Interface 的边缘端口,全局的 BPDU Filter 配置才生效 |
| Switch(config-if)# end | 退回特权模式 |
| Switch# show running-config | 核对配置条目 |
| Switch# copy running-config startup-config | 保存配置 |

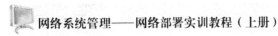

如果要关闭 BPDU Filter,可以用全局配置命令 no spanning-tree portfast bpdufilter default 进行设置。

如果要针对单个 Interface 打开 BPDU Filter,可以用 Interface 配置命令 spanning-tree bpdufilter enable 进行设置,用 spanning-tree bpdufilter disable 关闭 BPDU Filter。

### 7.8.5　打开 Tc_Protection

进入特权模式,按表 7-26 中的步骤打开 Tc_Protection。

表 7-26　　　　　　　　　　　　打开 Tc_Protection 步骤

| 命令 | 作用 |
| --- | --- |
| Switch# configure terminal | 进入全局配置模式 |
| Switch(config)# spanning-tree tc-protection | 打开 Tc_Protection |
| Switch(config)# end | 退回特权模式 |
| Switch# show running-config | 核对配置条目 |
| Switch# copy running-config startup-config | 保存配置 |

如果要关闭 Tc_Protection,可以用全局配置命令 no spanning-tree tc-protection 进行设置。

### 7.8.6　打开 TC Guard

进入特权模式,按表 7-27 中的步骤打开全局的 TC Guard。

表 7-27　　　　　　　　　　　　打开全局的 TC Guard 步骤

| 命令 | 作用 |
| --- | --- |
| Switch# configure terminal | 进入全局配置模式 |
| Switch(config)# spanning-tree tc-protection tc-guard | 打开全局的 TC Guard |
| Switch(config)# end | 退回特权模式 |
| Switch# show running-config | 核对配置条目 |
| Switch# copy running-config startup-config | 保存配置 |

进入特权模式,按表 7-28 中的步骤打开接口的 TC Guard。

表 7-28　　　　　　　　　　　　打开接口的 TC Guard 步骤

| 命令 | 作用 |
| --- | --- |
| Switch# configure terminal | 进入全局配置模式 |
| Switch(config)# interface *interface-id* | 进入该 Interface 的配置模式,合法的 Interface 包括物理端口和 Aggregate Link |
| Switch(config-if)# spanning-tree tc-guard | 打开该 Interface 的 TC Guard |

续表

| 命令 | 作用 |
|---|---|
| Switch(config-if)♯ end | 退回特权模式 |
| Switch♯ show running-config | 核对配置条目 |
| Switch♯ copy running-config startup-config | 保存配置 |

### 7.8.7　打开 TC 过滤功能

进入特权模式,按表 7-29 中的步骤打开接口的 TC 过滤功能。

表 7-29 　　　　　　　　　　打开接口下的 TC 过滤功能步骤

| 命令 | 作用 |
|---|---|
| Switch♯ configure terminal | 进入全局配置模式 |
| Switch(config)♯ interface *interface-id* | 进入该 Interface 的配置模式,合法的 Interface 包括物理端口和 Aggregate Link |
| Switch(config-if)♯ spanning-tree ignore tc | 打开该 Interface 的 TC 过滤功能 |
| Switch(config-if)♯ end | 退回特权模式 |
| Switch♯ show running-config | 核对配置条目 |
| Switch♯ copy running-config startup-config | 保存配置 |

如果需要关闭 TC 过滤功能,可以在接口模式下使用 no spanning-tree ignore tc 命令进行设置。

### 7.8.8　打开 BPDU 源 MAC 检查

打开 BPDU 源 MAC 检查,只接收来自指定源 MAC 地址的 BPDU 帧,过滤其他所有接收的 BPDU 帧。进入接口模式,按表 7-30 中的步骤打开 BPDU 源 MAC 检查。

表 7-30 　　　　　　　　　　打开 BPDU 源 MAC 检查步骤

| 命令 | 作用 |
|---|---|
| Switch♯ configure terminal | 进入全局配置模式 |
| Switch(config)♯ interface *interface-id* | 进入该 Interface 的配置模式,合法的 Interface 包括物理端口和 Aggregate Link |
| Switch(config-if)♯ bpdu src-mac-check H.H.H | 打开 BPDU 源 MAC 检查 |
| Switch(config-if)♯ end | 退回特权模式 |
| Switch♯ show running-config | 核对配置条目 |
| Switch♯ copy running-config startup-config | 保存配置 |

如果要关闭 BPDU 源 MAC 检查，可以在接口模式下使用配置命令 no bpdu src-mac-check 进行设置。

### 7.8.9　边缘端口的自动识别

如果在一定的时间范围内(3s)，指派接口没有收到 BPDU，则自动识别为边缘端口。该功能缺省是打开的。

进入特权模式，按表 7-31 中的步骤配置边缘端口的自动识别功能。

表 7-31　　　　　　　　　配置边缘端口的自动识别功能步骤

| 命令 | 作用 |
| --- | --- |
| Switch♯ configure terminal | 进入全局配置模式 |
| Switch(config)♯ interface *interface-id* | 进入该 Interface 的配置模式，合法的 Interface 包括物理端口和 Aggregate Link |
| Switch(config-if)♯ spanning-tree autoedge | 打开该 Interface 的 Autoedge |
| Switch(config-if)♯ end | 退回特权模式 |
| Switch♯ show spanning-tree interface *interface-id* | 核对配置条目 |
| Switch♯ copy running-config startup-config | 保存配置 |

如果要关闭 Autoedge，在接口配置模式下使用 spanning-tree autoedge disabled 命令进行设置。

### 7.8.10　打开 Root Guard

进入特权模式，按表 7-32 中的步骤打开接口的 Root Guard。

表 7-32　　　　　　　　　打开接口的 Root Guard 步骤

| 命令 | 作用 |
| --- | --- |
| Switch♯ configure terminal | 进入全局配置模式 |
| Switch(config)♯ interface *interface-id* | 进入该 Interface 的配置模式，合法的 Interface 包括物理端口和 Aggregate Link |
| Switch(config-if)♯ spanning-tree guard root | 打开接口的 Root Guard |
| Switch(config-if)♯ end | 退回特权模式 |
| Switch♯ show running-config | 核对配置条目 |
| Switch♯ copy running-config startup-config | 保存配置 |

### 7.8.11　打开 Loop Guard

进入特权模式，按表 7-33 中的步骤打开全局的 Loop Guard。

表 7-33 **打开全局的 Loop Guard 步骤**

| 命令 | 作用 |
|---|---|
| Switch # configure terminal | 进入全局配置模式 |
| Switch(config) # spanning-tree loopguard default | 打开全局的 Loop Guard |
| Switch(config) # end | 退回特权模式 |
| Switch # show running-config | 核对配置条目 |
| Switch # copy running-config startup-config | 保存配置 |

进入特权模式,按表 7-34 中的步骤打开接口的 Loop Guard。

表 7-34 **打开接口的 Loop Guard 步骤**

| 命令 | 作用 |
|---|---|
| Switch # configure terminal | 进入全局配置模式 |
| Switch(config) # interface *interface-id* | 进入该 Interface 的配置模式,合法的 Interface 包括物理端口和 Aggregate Link |
| Switch(config-if) # spanning-tree guard loop | 打开该 Interface 的 Loop Guard |
| Switch(config-if) # end | 退回特权模式 |
| Switch # show running-config | 核对配置条目 |
| Switch # copy running-config startup-config | 保存配置 |

### 7.8.12 关闭接口的保护功能

进入特权模式,按表 7-35 中的步骤关闭接口的根或环路保护功能。

表 7-35 **关闭接口的根或环路保护功能步骤**

| 命令 | 作用 |
|---|---|
| Switch # configure terminal | 进入全局配置模式 |
| Switch(config) # interface *interface-id* | 进入该 Interface 的配置模式,合法的 Interface 包括物理端口和 Aggregate Link |
| Switch(config-if) # spanning-tree guard none | 关闭接口的保护功能 |
| Switch(config-if) # end | 退回特权模式 |
| Switch # show running-config | 核对配置条目 |
| Switch # copy running-config startup-config | 保存配置 |

# 7.9  显示 MSTP 配置和状态

MSTP 提供了不同的显示命令用于查看各种配置信息及运行状态,各命令的功能说明如表 7-36 所示。

表 7-36 　　　　　　　　　　　**MSTP 显示命令及其功能**

| 命令 | 功能 |
|---|---|
| show spanning-tree | 显示 MSTP 的各项参数信息及生成树的拓扑信息 |
| show spanning-tree counters [interface *inter-face-id*] | 显示 MSTP 的收发包统计信息 |
| show spanning-tree summary | 显示 MSTP 的各 Instance 的信息及其端口转发状态信息 |
| show spanning-tree inconsistentports | 显示因根保护或环路保护而阻塞的端口 |
| show spanning-tree mst configuration | 显示 MST 域的配置信息 |
| show spanning-tree mst *instance-id* | 显示该 Instance 的 MSTP 信息 |
| show spanning-tree mst *instance-id* interface *interface-id* | 显示指定 Interface 的对应 Instance 的 MSTP 信息 |
| show spanning-tree interface *interface-id* | 显示指定 Interface 的所有 Instance 的 MSTP 信息 |
| show spanning-tree forward-time | 显示 Forward-Delay Time |
| show spanning-tree hello time | 显示 Hello Time |
| show spanning-tree max-hops | 显示 max-hops |
| show spanning-tree tx-hold-count | 显示 Tx-Hold-Count |
| show spanning-tree pathcost method | 显示 pathcost method |

## 【任务实施】

# 7.10　STP 配置实训

### 1. 实训目标
启用 STP 防止环路及实现链路冗余。

### 2. 实训环境
STP 配置拓扑图如图 7-11 所示。

### 3. 实训要求
按照图 7-11 建立实训环境，建立一个启用 STP 防止环路及实现链路冗余的组网，交换机 SW A 和 SW B 是核心交换机，它们之间通过两条并行链路互连备份，SW C 是接入交换机，接入用户连接到 SW C 的 F0/10 和 F0/20 端口上。很显然，为了提高网络的性能，应该使交换机 SW A 位于转发路径的中心位置（即生成树的根），同时为了增加可靠性，应该使 SW B 作为根的备份，我们可以通过下面配置使网络能够满足我们的设计需求。

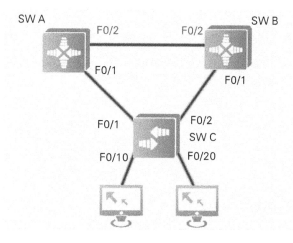

**图 7-11　STP 配置拓扑图**

### 4. 实训步骤

(1)在所有的交换机上启用 STP,命令如下:

```
SW A(config)# spanning-tree mode stp
SW A(config)# spanning-tree
SW B(config)# spanning-tree mode stp
SW B(config)# spanning-tree
SW C(config)# spanning-tree mode stp
SW C(config)# spanning-tree
```

(2)配置 SW A 的优先级为 0(默认值为 32768),使其作为整个桥接网络的根桥;配置 SW B 的优先级为 4096,使其作为根桥的备份。命令如下:

```
SW A(config)# spanning-tree priority 0
SW B(config)# spanning-tree priority 4096
```

(3)设置 SW C 的端口 F0/10、F0/20 为边缘端口,以满足在网络拓扑发生变化时,能够无时延地从阻塞状态迁移到转发状态的需求,命令如下:

```
SW C(config-if)# spanning-tree portfast
```

### 5. 实训调试

(1)在默认情况下,交换机未启用 STP。此时如果执行命令查看 STP 全局状态,则有以下输出内容:

```
SW A(config)# show spanning-tree
No spanning tree instance exists.
......
```

（2）启用 STP 以后，再执行命令查看 STP 全局状态，则有如下输出内容：

```
SW A(config)# show spanning-tree
StpVersion：STP
SysStpStatus：ENABLED
MaxAge：20
HelloTime：2
ForwardDelay：15
BridgeMaxAge：20
BridgeHelloTime：2
BridgeForwardDelay：15
MaxHops：20
TxHoldCount：3
PathCostMethod：Long
BPDUGuard：Disabled
BPDUFilter：Disabled
LoopGuardDef：Disabled
BridgeAddr：0074.9c7e.b0cd
Priority：0
TimeSinceTopologyChange：14d:18h:56m:2s
TopologyChanges：0
DesignatedRoot：0.0074.9c7e.b0cd
RootCost：0
RootPort：0
......
```

从以上信息可知，目前交换机运行在 STP 模式下。交换机的桥 ID 是 0074.9c7e.
b0cd，交换机的指定根（Designated Root）的 ID 也是 0.0074.9c7e.b0cd（开头的"0."代表
优先级），桥 ID 和根桥 ID 相同，说明交换机认为自己就是根桥。

（3）如果想查看生成树中各端口的角色和状态，则用如下命令：

```
SW A(config)# show spanning-tree summary
Spanning tree enabled protocol stp
  Root ID      Priority      0
               Address       0074.9c7e.b0cd
               this bridge is root
               Hello Time    2 sec      Forward Delay 15 sec      Max Age 20 sec
```

| Bridge ID | Priority | 0 | | | | |
|---|---|---|---|---|---|---|
| | Address | 0074.9c7e.b0cd | | | | |
| | Hello Time | 2 sec | Forward Delay 15 sec | | Max Age 20 sec | |
| | | | | | | |
| Interface | Role | Sts | Cost | Prio | OperEdge | Type |
|---|---|---|---|---|---|---|
| F0/1 | Desg | FWD | 20000 | 128 | True | P2P |
| F0/2 | Desg | FWD | 20000 | 128 | True | P2P |

输出结果中 SW A 的所有端口都是指定端口（Desg），所以都处于转发状态。

# 7.11  RSTP 配置实训

### 1. 实训目标

启用 RSTP 防止环路及实现链路冗余。

### 2. 实训环境

RSTP 配置拓扑图如图 7-12 所示。

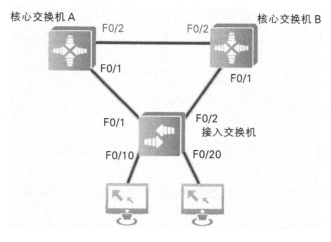

**图 7-12  RSTP 配置拓扑图**

### 3. 实训要求

如图 7-12 所示，假设内网有 2 个 VLAN，VLAN 10 和 VLAN 20 的生成树根桥在核心交换机 A 上，核心交换机 B 作为 VLAN 10 和 VLAN 20 的生成树次根。在网络节点发生故障时，为使生成树能够快速收敛，提升用户体验，全网采用 RSTP 提供设备冗余的功能。我们可以通过以下配置使网络能够满足我们的设计需求。

### 4.实训步骤

（1）核心交换机 A 配置如下：

```
Switch A>enable
Switch A#configure terminal
Switch A(config)#vlan 10
Switch A(config-vlan)#vlan 20
Switch A(config-vlan)#exit
Switch A(config)#spanning-tree
Switch A(config)#spanning-tree mode rstp
Switch A(config)#spanning-tree priority 0
Switch A(config)#interface FastEthernet 0/1
Switch A(config-if-FastEthernet 0/1)#switch mode trunk
Switch A(config)#interface FastEthernet 0/2
Switch A(config-if-FastEthernet 0/2)#switch mode trunk
```

（2）核心交换机 B 配置如下：

```
Switch B#configure terminal
Switch B(config)#vlan 10
Switch B(config-vlan)#vlan 20
Switch B(config-vlan)#exit
Switch B(config)#spanning-tree
Switch B(config)#spanning-tree mode rstp
Switch B(config)#spanning-tree priority 4096
Switch B(config)#interface FastEthernet 0/1
Switch B(config-if-FastEthernet 0/1)#switch mode trunk
Switch B(config)#interface FastEthernet 0/2
Switch B(config-if-FastEthernet 0/2)#switch mode trunk
```

（3）接入交换机配置如下：

```
Switch C>enable
Switch C#configure terminal
Switch C(config)#vlan 10
Switch C(config-vlan)#vlan 20
Switch C(config-vlan)#exit
Switch C(config)#spanning-tree
Switch C(config)#spanning-tree mode rstp
Switch C(config)#interface FastEthernet 0/1
Switch C(config-if-FastEthernet 0/1)#switch mode trunk
```

```
Switch C(config)♯interface FastEthernet 0/2
Switch C(config-if-FastEthernet 0/2)♯switch mode trunk
```

（4）保存配置。

```
Switch A(config)♯end
Switch A♯write
```

### 5. 实训调试

在 Switch A 上查看生成树状态，输入 show spanning-tree summary 命令，显示内容如下。

```
Switch A♯show spanning-tree summary
Spanning tree enabled protocol rstp
    Root ID       Priority    0
                  Address     0074.9c7e.b0cd
                  this bridge is root
                  Hello Time    2 sec    Forward Delay 15 sec   Max Age 20 sec
    Bridge ID     Priority    0
                  Address     0074.9c7e.b0cd
                  Hello Time    2 sec    Forward Delay 15 sec   Max Age 20 sec


Interface    Role    Sts    Cost    Prio   OperEdge   Type
-----------------------------------------------------------------------------
F0/1         Desg    FWD    20000    128    True       P2P
F0/2         Desg    FWD    20000    128    True       P2P
```

通过输出的内容可以看出，Switch A 目前运行的生成树协议类型为 RSTP，并且以它作为根桥。所有接口都是指定接口（Desg），链路类型均为点对点模式（P2P）。

# 7.12　MSTP 配置实训

### 1. 实训目标

启用 MSTP 防止环路、实现负载均衡及链路冗余功能。

### 2. 实训环境

MSTP 配置拓扑图如图 7-13 所示。

### 3. 实训要求

如图 7-13 所示，假设内网有 4 个 VLAN，VLAN 10 和 VLAN 20 的生成树根桥在核心交换机 A 上，VLAN 30 和 VLAN 40 的生成树根桥在核心交换机 B 上，核心交换机 A

和核心交换机 B 互为备份根。为了实现内网负载均衡,同时当网络出现单点故障时,生成树能够快速收敛,提升用户体验。全网采用 MSTP 提供设备冗余的功能。我们可以通过以下配置使网络能够满足我们的设计需求。

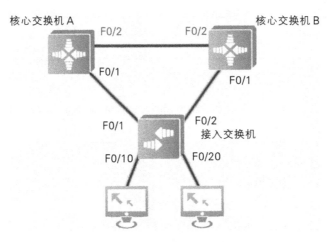

**图 7-13　MSTP 配置拓扑图**

### 4. 实训步骤

(1)核心交换机 A 配置如下:

```
Switch A>enable
Switch A#configure terminal
Switch A(config)#vlan 10
Switch A(config-vlan)#vlan 20
Switch A(config-vlan)#vlan 30
Switch A(config-vlan)#vlan 40
Switch A(config-vlan)#exit
Switch A(config)#spanning-tree
Switch A(config)#spanning-tree mst configuration
Switch A(config-mst)#name mst 1
Switch A(config-mst)#revision 10
Switch A(config-mst)# instance 1 vlan 10,20
Switch A(config-mst)# instance 2 vlan 30,40
Switch A(config-mst)#exit
Switch A(config)#spanning-tree mst 1 priority 4096
Switch A(config)#spanning-tree mst 2 priority 8192
Switch A(config)#interface FastEthernet 0/1
Switch A(config-if-FastEthernet 0/1)#switch mode trunk
Switch A(config)#interface FastEthernet 0/2
Switch A(config-if-FastEthernet 0/2)#switch mode trunk
```

（2）核心交换机 B 配置如下：

```
Switch B>enable
Switch B#configure terminal
Switch B(config)#vlan 10
Switch B(config-vlan)#vlan 20
Switch B(config-vlan)#vlan 30
Switch B(config-vlan)#vlan 40
Switch B(config-vlan)#exit
Switch B(config)#spanning-tree
Switch B(config)#spanning-tree mst configuration
Switch B(config-mst)#name mst 1
Switch B(config-mst)#revision 10
Switch B(config-mst)# instance 1 vlan 10，20
Switch B(config-mst)# instance 2 vlan 30，40
Switch B(config-mst)#exit
Switch B(config)#spanning-tree mst 1 priority 8192
Switch B(config)#spanning-tree mst 2 priority 4096
Switch B(config)#interface FastEthernet 0/1
Switch B(config-if-FastEthernet 0/1)#switch mode trunk
Switch B(config)#interface FastEthernet 0/2
Switch B(config-if-FastEthernet 0/2)#switch mode trunk
```

（3）接入交换机配置如下：

```
Switch C>enable
Switch C#configure terminal
Switch C(config)#vlan 10
Switch C(config-vlan)#vlan 20
Switch C(config-vlan)#vlan 30
Switch C(config-vlan)#vlan 40
Switch C(config-vlan)#exit
Switch C(config)#spanning-tree
Switch C(config)#spanning-tree mst configuration
Switch C(config-mst)#name mst 1
Switch C(config-mst)#revision 10
Switch C(config-mst)# instance 1 vlan 10，20
Switch C(config-mst)# instance 2 vlan 30，40
Switch C(config-mst)#exit
Switch C(config)#interface FastEthernet 0/1
Switch C(config-if-FastEthernet 0/1)#switch mode trunk
Switch C(config)#interface FastEthernet 0/2
Switch C(config-if-FastEthernet 0/2)#switch mode trunk
```

（4）保存配置。

```
Switch A(config)#end
Switch A#write
```

### 5.实训调试

在接入层交换机 Switch C 上查看生成树状态，输入 show spanning-tree summary 命令，显示内容如下。

```
Switch C#show spanning-tree summary
Spanning tree enabled protocol mstp
MST 0 vlans map：1-9，11-19，21-29，31-39，41-4094
   Root ID       Priority     32768
                 Address      001a.a976.9d0a
                 this bridge is root
                 Hello Time    2 sec     Forward Delay 15 sec    Max Age 20 sec

   Bridge ID     Priority     32768
                 Address      001a.a979.bc44
                 Hello Time    2 sec     Forward Delay 15 sec    Max Age 20 sec


Interface      Role      Sts     Cost      Prio     Type      OperEdge
----------------------------------------------------------------------------
F0/1           Root      FWD     200000    128      P2P       False
F0/2           Altn      BLK     200000    128      P2P       False
MST 1 vlans map：10，20
   Region Root      Priority    4096
                    Address     001a.a976.9d0a
                    this bridge is region root
   Bridge ID        Priority    32768
                    Address     001a.a979.bc44


Interface      Role      Sts     Cost      Prio     Type      OperEdge
----------------------------------------------------------------------------
F0/1           Root      FWD     200000    128      P2P       False
F0/2           Altn      BLK     200000    128      P2P       False
```

```
MST 2 vlans map : 30, 40
  Region Root      Priority     4096
                   Address      001a. a979. b880
                   this bridge is region root
  Bridge ID        Priority     32768
                   Address      001a. a979. bc44
Interface   Role    Sts    Cost    Prio    Type    OperEdge
────────────────────────────────────────────────────────────
F0/1        Altn    BLK    200000  128     P2P     False
F0/2        Root    FWD    200000  128     P2P     False
```

通过输出的内容可以看出,Switch C 目前运行的生成树协议类型为 MSTP,其中 Instance 1(MST 1)的根桥 ID 是 Switch A 的地址 001a. a976. 9d0a,F0/1 接口为 MST 1 的根端口(Root)并且处于转发状态,F0/2 接口为 MST 1 的替代端口(Altn)处于阻塞状态;而 Instance 2(MST 2)的根桥指向 Switch B 的地址 001a. a979. b880。所有接口都是指定接口(Desg),并且链路类型均为点对点模式(P2P),F0/2 接口为 MST 2 的根端口(Root)并且处于转发状态,F0/1 接口为 MST 2 的替代端口(Altn)处于阻塞状态。这说明 MSTP 的配置正确。

## 【任务小结】

STP 的产生是为了消除路径回环的影响。

STP 通过选举根桥和阻塞冗余端口来消除环路。

相比 STP,RSTP 具有更快的收敛速度;相比 RSTP,MSTP 可支持多生成树实例以实现基于 VLAN 的负载分担。

STP 命令如表 7-37 所示。

表 7-37                                    STP 命令

| 命令 | 功能 |
| --- | --- |
| spanning-tree 或者 no spanning-tree | 开启或关闭全局或端口的 STP 特性 |
| spanning-tree mode {stp\| rstp\| mstp} | 设置 STP 的工作模式 |
| spanning-tree priority *priority* | 配置设备的优先级 |
| spanning-tree portfast | 将当前的以太网端口配置为边缘端口 |
| show spanning-tree<br>show spanning-tree summary | 显示生成树的状态信息与统计信息 |
| spanning-tree mst configuration | 进入 MSTP 配置模式 |
| instance *instance-id* vlan *vlan-range* | 把 VLAN 组添加到一个 MST Instance 中 |
| name *name* | 指定 MST 配置名称,该字符串最多可以有 32 个字节 |
| revision *version* | 指定 MST Revision Number,范围为 0～65535。缺省值为 0 |

## 【任务拓展】

### 1. 填空题

(1)局域网通常由多台交换机互连而成,为了避免_____,需要保证在网络中不存在_____。

(2)树形的网络结构,必须要有_____,于是 STP 引入了_____的概念。

(3)STP 的作用是通过_____使一个有回路的桥接网络修剪成一个无回路的树形拓扑结构。

(4)根路径开销是生成树协议中用来判定到达_____的参数。

(5)在根路径开销相同的情况下,生成树协议根据桥 ID 来决定_____。

(6)STP 最主要的缺点是端口从_____到_____需要 2 倍的 Forwarding Delay 时间,导致网络的通畅全少要几十秒才能恢复。

(7)_____是指那些直接和终端设备相连,不再连接任何交换机的端口。

(8)通过_____协议,可以在网络中定义多个生成树实例,每个实例对应多个_____,每个实例维护自己的独立生成树。

### 2. 选择题(选择一项或多项)

(1)(      )信息是在 STP 协议的配置 BPDU 中所携带的。

A. 根桥 ID          B. 根路径开销          C. 指定桥 ID          D. 指定端口 ID

(2)STP 进行桥 ID 比较时,先比较优先级,优先级值(      )为优;在优先级相等的情况下,再比较 MAC 地址,MAC 地址(      )为优。

A. 小者;小者          B. 小者;大者          C. 大者;大者          D. 大者;小者

(3)在 802.1D 的协议中,端口共有 5 种状态,其中处于(      )状态的端口能够发送 BPDU 配置消息。

A. Learning          B. Listening          C. Blocking          D. Forwarding

(4)交换机从两个不同的端口收到 BPDU,则其会按照(      )的顺序来比较 BPDU,从而决定哪个端口是根端口。

A. 根桥 ID、根路径开销、指定桥 ID、指定端口 ID

B. 根桥 ID、指定桥 ID、根路径开销、指定端口 ID

C. 根桥 ID、指定桥 ID、指定端口 ID、根路径开销

D. 根路径开销、根桥 ID、指定桥 ID、指定端口 ID

(5)在一个交换网络中,存在多个 VLAN。管理员想在交换机间实现数据流转发的负载均衡,则应该选用(      )协议。

A. STP          B. RSTP          C. MSTP          D. 以上三者均可

### 3. 综合题

某公司的网络拓扑图如图 7-14 所示。公司网络中心的网络工程师发现,STP 只能对整个交换网络产生一个树形拓扑结构,网络中的 VLAN 都在同一个生成树下,这种网络拓扑结构无法实现网络流量的负载均衡,导致某些网络设备特别忙,而另一些网络设备却处于空闲状态,因此,网络工程师决定采用 MSTP 对公司的网络进行优化,实现网络

交换的负载均衡。

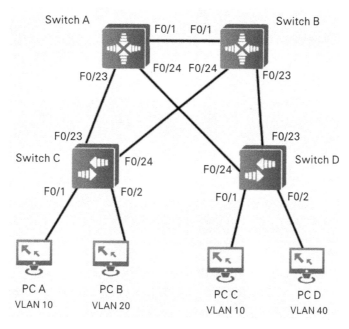

**图 7-14　某公司的网络拓扑图**

假设你是网络工程师，请根据以下要求进行配置，完成对公司网络的优化。

（1）进行基础配置，其中 PC A 和 PC C 在 VLAN 10 中，IP 地址分别为 192.168.1.10/24 和 192.168.1.20/24，PC B 在 VLAN 20 中，PC D 在 VLAN 40 中。

（2）所有交换机之间的互联接口为 Trunk 接口。

（3）内网中配置 MSTP，其中，Region 名称为：My_Region，Revison 版本号：1，MST 1 包含 VLAN 10，MST 2 包含 VLAN 20 和 VLAN 40；Switch A 作为 MST 1 的主根桥，MST 2 的备份根；Switch B 作为 MST 2 的主根桥，实例 1 的备份根。

（4）使用 Ping 命令测试 PC A 和 PC C 的连通性。

（5）查询 Switch C 和 Switch D 的生成树状态的汇总信息。

# 任务 8　局域网安全技术

## 【知识目标】

❖ 了解 DHCP 协议和 ARP 的技术原理,熟悉 DHCP 和 ARP 欺骗的方法。

❖ 掌握防 DHCP 和 ARP 欺骗的配置方法。

## 【能力目标】

❖ 能够熟练运用防 DHCP 和 ARP 欺骗的相关配置命令。

❖ 学会运用防 DHCP 和 ARP 欺骗的配置技术,以保证网络的安全。

## 【素质目标】

❖ 增强网络安全意识,提升网络防护技能。

❖ 培养网络行为习惯,提升网络道德素养。

## 【任务描述】

某企业网络使用 DHCP 分配 IP 地址等网络参数,最近发现一些主机不能访问网络资源,经故障排查,发现这些主机自动获得的 IP 地址参数是错误的,可能遭遇 DHCP 攻击。同时,发现一些客户端不能访问 Internet 资源,经查发现客户端获得的网关 IP 地址参数是错误的,分析结果表明,可能遭遇 ARP 攻击。你作为网络管理员需采取一些技术手段,防止客户端主机受到攻击,保证网络正常运行。对于这种情况,该如何解决?

## 【知识储备】

# 8.1　DHCP Snooping 概述

## 8.1.1　理解 DHCP

DHCP(dynamic host configuration protocol,动态主机配置协议)被广泛用于动态分配可重用的网络资源,如 IP 地址。一次典型的 DHCP 获取 IP 地址的过程如图 8-1 所示。

(1)DHCP Client 发出 DHCP DISCOVER 广播报文给 DHCP Server,若客户端在一定时间内没有收到服务器的响应,则重发 DHCP DISCOVER 报文。

(2)DHCP Server 收到 DHCP DISCOVER 报文后,根据一定的策略给客户端分配

IP 地址,然后发出 DHCP OFFER 报文。

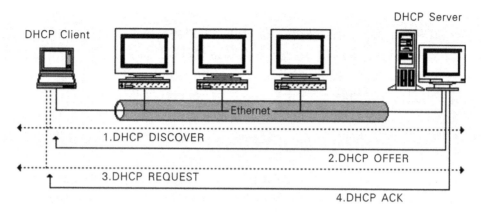

**图 8-1　DHCP 获取 IP 地址过程**

(3)DHCP Client 收到 DHCP OFFER 报文后,发出 DHCP REQUEST 请求,请求租用服务器地址池中的 IP 地址,并通告其他服务器已接受此服务器分配的 IP 地址。

(4)服务器收到 DHCP REQUEST 报文,验证资源是否可以分配,如果可以分配,则发送 DHCP 应答报文(DHCP ACK);如果不可分配,则发送 DHCP 否定确认报文(DHCP NAK)。DHCP Client 若收到 DHCP ACK 报文,则开始使用服务器分配的 IP 地址;若收到 DHCP NAK 报文,则重新发送 DHCP DISCOVER 报文。

### 8.1.2　理解 DHCP Snooping

DHCP Snooping 意为 DHCP 窥探,通过对客户端和服务器之间的 DHCP 交互报文进行窥探,实现对用户 IP 地址使用情况的监控,同时起到过滤 DHCP 报文的作用,通过合理的配置实现对非法的 DHCP 服务的过滤。以下为 DHCP Snooping 相关术语及功能的介绍:

(1)DHCP 请求报文。DHCP 客户端发往 DHCP 服务器的报文。

(2)DHCP 应答报文。DHCP 服务器发往 DHCP 客户端的报文。

(3)DHCP Snooping TRUST 口。DHCP 通过广播的形式获取 IP 信息的交互报文,因此存在非法的 DHCP 服务影响用户正常 IP 信息的获取的现象,更有甚者通过非法的 DHCP 服务欺骗窃取用户信息。为了防止非法的 DHCP 服务的出现,DHCP Snooping 把端口分为 TRUST 口和 UNTRUST 口两种类型,设备只转发 TRUST 口收到的 DHCP 应答报文,丢弃所有来自 UNTRUST 口的 DHCP 应答报文。因此把合法的 DHCP Server 连接的端口设置为 TRUST 口,把其他端口设置为 UNTRUST 口,就可以实现对非法 DHCP Server 的屏蔽。

(4)DHCP Snooping 报文过滤。在对个别用户禁用 DHCP 报文的情况下,需要评估用户设备发出的所有 DHCP 报文,可以在端口模式下配置 DHCP 报文过滤功能,过滤该端口收到的所有 DHCP 报文。

(5)基于 VLAN 的 DHCP Snooping。DHCP Snooping 功能生效是以 VLAN 为单位的,在默认情况下打开 DHCP Snooping 功能,会在当前设备上的所有 VLAN 上使用

DHCP Snooping 功能，也可以通过配置，决定在哪些 VLAN 中启用 DHCP Snooping 功能。

（6）DHCP Snooping 绑定数据库。在 DHCP 网络环境中经常会有用户随意设置静态 IP 地址，用户随意设置的 IP 地址不但使网络难以维护，而且会导致一些合法使用 DHCP 获取 IP 地址的用户因为冲突而无法正常使用网络，DHCP Snooping 通过窥探客户端和服务器之间交互的报文，把用户获取到的 IP 地址以及用户 MAC、VLAN ID、PORT、租约时间等信息组成用户记录表项，从而形成 DHCP Snooping 的用户数据库，配合 ARP 检测功能或 ARP CHECK 功能的使用，进而达到控制用户合法使用 IP 地址的目的。

（7）DHCP Snooping 速率限制。DHCP Snooping 需要对所有非信任端的 DHCP 请求报文进行检查，同时将合法的 DHCP 请求报文转发到信任口所在的网络。为了防止在非信任端出现 DHCP 请求报文攻击、控制流向信任网络的 DHCP 请求报文速率，DHCP Snooping 支持在端口对收到的 DHCP 报文进行速率限制，当端口收到的 DHCP 报文速率超过设定的限制时，丢弃超过限制速率的那部分 DHCP 报文。DHCP Snooping 的速率限制基于端口配置，可以选择通过 DHCP Snooping 的速率限制命令配置，也可以选择通过 NFPP（network foundation protection policy，网络基础保护策略）的速率限制命令配置，效果是一样的。对于支持 CPU 保护策略（CPU protection policy，CPP）的产品来说，如果同时配置了 CPP 的 DHCP 报文速率限制和 DHCP Snooping 的报文速率限制，CPP 配置的速率限制将优先于 DHCP Snooping 生效。因此，为了确保 DHCP Snooping 速率限制生效，配置的 CPP 的速率上限不小于 DHCP Snooping 的限制或者 NFPP 的限制。

DHCP Snooping 通过对经过设备的 DHCP 报文进行合法性检查，丢弃不合法的 DHCP 报文，记录用户信息并生成 DHCP Snooping 绑定数据库供其他功能（如 ARP 检测功能）查询使用。以下几种类型的报文被认为是非法的 DHCP 报文：

（1）UNTRUST 口收到的 DHCP 应答报文，包括 DHCP ACK、DHCP NAK、DHCP OFFER 等。

（2）UNTRUST 口收到的带有网关信息[giaddr]的 DHCP REQUEST 报文。

（3）打开 MAC 校验时，源 MAC 与 DHCP 报文携带的 chaddr 字段值为不同的报文。

（4）DHCP Release 报文中的用户在 DHCP Snooping 绑定数据库中存在，但是 DHCP Release 报文的接收端口和保存在 DHCP Snooping 绑定数据库中的端口不一致，那么系统就会认为这个 DHCP Release 报文是非法的。

### 8.1.3 理解 DHCP Snooping information option

部分网络管理员在对当前的用户进行 IP 管理时，希望能够根据用户所处的位置为用户分配 IP，即希望能够根据用户所连接的网络设备的信息进行用户的 IP 分配，使交换机在进行 DHCP 窥探的同时把一些用户相关的设备信息以 DHCP Option 的方式加入 DHCP 请求报文中，根据 RFC3046，所使用的 Option 选项号为 82。Option 82 选项最多可以包含 255 个子选项。若定义了 Option 82,则至少要定义一个子选项。目前设备只支持 Circuit ID(电路 ID 子选项)和 Remote ID(远程 ID 子选项)两个子选项。在 DHCP 服务器配置对 Option 82 内容的解析后,这个服务器就可以通过 Option 82 上传的内容,获取更多用户的信息,从而更准确地给用户分配 IP。

**1. Circuit ID**

Circuit ID 的默认填充内容是接收到 DHCP 客户端请求报文的端口所属 VLAN 的编号及端口索引(端口索引的取值为端口所在槽号和端口号),扩展填充内容是自定义的字符串。

Circuit ID 的填充格式有两种,一种是标准填充格式,另一种是扩展填充格式,在同一个网络域中,只能使用其中的一种,不能混合使用。使用标准填充格式时,Circuit ID 子选项只能填充默认的填充内容,如图 8-2 所示。

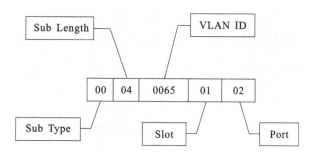

**图 8-2　Circuit ID 标准填充格式**

如果需要使用自定义的填充内容,那么可以使用扩展填充格式。扩展填充格式的填充内容可以是默认填充内容,也可以是扩展填充内容。为了区分填充内容,会在子选项长度后增加一个字节的内容类型字段和一个字节的内容长度字段,如果是默认填充内容,则设置内容类型为 0;如果是扩展填充内容,则设置内容类型为 1。

Circuit ID 扩展填充格式(默认填充内容)如图 8-3 所示。

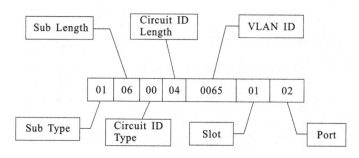

**图 8-3　Circuit ID 扩展填充格式(默认填充内容)**

Circuit ID 扩展填充格式(扩展填充内容)如图 8-4 所示。

**2. Remote ID**

Remote ID 的默认填充内容是接收到 DHCP 客户端请求报文的 DHCP 中继设备的桥 MAC 地址。扩展填充内容是自定义的字符串。

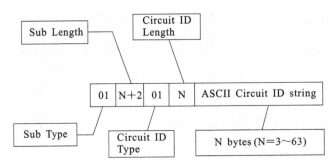

**图 8-4　Circuit ID 扩展填充格式(扩展填充内容)**

Remote ID 的填充格式同样有标准和扩展两种填充格式,在同一个网络域中,只能使用其中的一种,不能混合使用。使用标准填充格式时,Remote ID 子选项只能填充默认的填充内容,如图 8-5 所示。

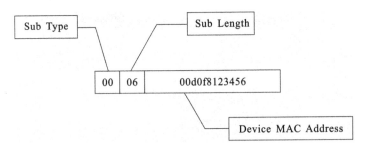

**图 8-5　Remote ID 标准填充格式**

如果需要使用自定义的填充内容,那么可以使用扩展填充格式。扩展填充格式的填充内容可以是默认填充内容,也可以是扩展填充内容。为了区分填充内容,会在子选项长度后增加一个字节的内容类型字段和一个字节的内容长度字段,如果是默认填充内容,则设置内容类型为 0;如果是扩展填充内容,则设置内容类型为 1。

Remote ID 扩展填充格式(默认填充内容)如图 8-6 所示。

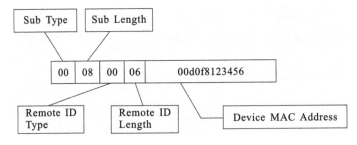

**图 8-6　Remote ID 扩展填充格式(默认填充内容)**

Remote ID 扩展填充格式(扩展填充内容)如图 8-7 所示。

Circuit ID 中端口索引的取值为端口所在槽号和端口号。其中端口号是指端口在槽上的序号,AP 口(聚合口)的端口号就是 AP 号。例如 F0/10,端口号就是 10,AP 11 的端口号就是 11。其中槽号是设备(堆叠认为是一台设备)上所有槽排序的序号,AP 口的槽号在最后。槽排序的序号从 0 开始,可使用 show slots 命令查看。

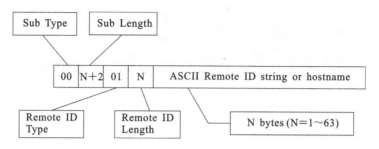

**图 8-7   Remote ID 扩展填充格式(扩展填充内容)**

例 1：

```
Switch♯show slots（只列出 Dev、Slot 示例）
Dev        Slot
---        ----
1          0-----＞槽号为 0
1          1-----＞槽号为 1
1          2-----＞槽号为 2
```

此时 AP 口的槽号为 3。

例 2：

```
Switch♯show slots（只列出 Dev、Slot 示例）
Dev        Slot
---        ----
1          0-----＞槽号为 0
1          1-----＞槽号为 1
1          2-----＞槽号为 2
2          0-----＞槽号为 3
2          1-----＞槽号为 4
2          2-----＞槽号为 5
```

此时 AP 口的槽号为 6。

# 8.2   DHCP Snooping 的相关安全功能

在 DHCP 的网络环境中,管理员经常碰到的一个问题是一些用户随意修改并使用静态的 IP 地址,而不使用动态获取的 IP 地址。这会导致一些使用动态获取 IP 的用户无法正常使用网络,并且会使网络环境变得复杂。因为 DHCP 动态绑定是设备在 DHCP Snooping 的过程记录的合法用户的 IP 信息,所以对 DHCP 动态绑定进行相关的安全处理,可以解决用户随意使用静态 IP 地址而出现的问题。当前的安全控制主要有以下三种方式:第一种,结合 IP Source Guard 功能对合法用户进行地址绑定;第二种,使用软件的 DAI(动态 ARP 检测)，通过对 ARP 的控制进行用户的合法性校验；第三种，结合 ARP CHECK 的功能，对合法用户的 ARP 报文进行绑定。

### 8.2.1　理解 DHCP Snooping 和 IP Source Guard 地址绑定的关系

IP Source Guard 的功能是维护一个 IP 源地址数据库，通过将数据库中的用户信息〔VLAN、MAC、IP、PORT〕设置为硬件过滤表项，实现只允许对应的用户使用网络的目的。

DHCP Snooping 维护一个用户 IP 的数据库，并将该数据提供给 IP Source Guard 功能进行过滤，从而限制只有通过 DHCP 获取 IP 的用户才能够使用网络，这样就阻止了用户随意设置静态 IP。

### 8.2.2　DHCP Snooping 和 DAI 的关系

DAI(dynamic ARP inspection，动态 ARP 检测)是对经过设备的所有 ARP 报文进行检查。DHCP 绑定过滤只针对 IP 报文，不能进行 ARP 报文的过滤，所以为了增强安全性，防止 ARP 欺骗等，对 DHCP 绑定的用户进行 ARP 合法性检查。DHCP Snooping 提供数据库信息供 ARP 检测使用，在开启 DAI 功能的设备上，当开启 IP Source Guard 地址绑定的端口收到 ARP 报文时，DAI 模块根据报文查询 DHCP Snooping 的绑定数据库，只有当接收到的 ARP 报文数据字段的源 MAC、源 IP 和端口信息都匹配时才认为接收到的 ARP 报文是合法的，再进行相关的学习和转发操作，否则会丢弃该报文。

### 8.2.3　DHCP Snooping 和 ARP CHECK 的关系

ARP CHECK 是对经过设备的所有 ARP 报文进行检查，DHCP Snooping 提供数据库信息供 ARP CHECK 使用，在开启 ARP CHECK 功能的设备中，当开启 IP Source Guard 地址绑定的端口收到 ARP 报文时，ARP CHECK 模块根据报文查询 DHCP Snooping 的绑定数据库，只有收到的 ARP 报文数据字段的源 MAC、源 IP 和端口信息都匹配时才认为收到的 ARP 报文是合法的，再进行相关的学习和转发操作，否则会丢弃该报文。

# 8.3　DHCP Snooping 配置

DHCP Snooping 功能与 DOT1x 的 DHCP Option 82 功能是不兼容的，因此，不能同时使用 DHCP Snooping 和 DHCP Option 82。

DHCP Snooping 和 DAI 功能或 ARP CHECK 功能共用，可以限制用户必须使用 DHCP 分配的 IP 上网。

### 8.3.1　配置打开或关闭 DHCP Snooping 功能

在缺省情况下，设备的 DHCP Snooping 功能是关闭的，当配置 ip dhcp snooping 命令后,设备就打开了 DHCP Snooping 功能。打开或关闭 DHCP Snooping 的命令如表 8-1 所示。

表 8-1　　　　　　　　　　　**打开或关闭 DHCP Snooping 的命令**

| 命令 | 作用 |
| --- | --- |
| Switch# configure terminal | 进入配置模式 |
| Switch(config)# [no] ip dhcp snooping | 打开或关闭 DHCP Snooping 功能 |

配置打开设备的 DHCP Snooping 功能命令如下:

```
Switch# configure terminal
Switch(config)# ip dhcp snooping
Switch(config)# end
Switch# show ip dhcp snooping
Switch DHCP snooping status：ENABLE
DHCP snooping Verification of hwaddr status：DISABLE
DHCP snooping database write-delay time：0 seconds
DHCP snooping option 82 status：DISABLE
DHCP snooping Support bootp bind status：DISABLE
Interface Trusted Rate limit（pps）
----------------------------------------------
GigabitEthernet 0/1 YES unlimited
```

### 8.3.2　配置端口 DHCP 报文过滤功能

在缺省情况下,设备端口的 DHCP 请求报文过滤功能是关闭的。当不想向某个端口下的用户提供 DHCP 服务时,可配置 DHCP 报文过滤功能,对这个端口接收到的 DHCP 请求报文进行过滤。具体步骤见表 8-2。

表 8-2　　　　　　　　　　　**配置端口 DHCP 报文过滤功能**

| 命令 | 作用 |
| --- | --- |
| Switch# configure terminal | 进入配置模式 |
| Switch(config)# interface *interface-id* | 进入接口配置模式 |
| Switch(config-if)# [no] ip dhcp snooping suppression | 配置接口过滤 DHCP 报文功能 |

### 8.3.3　配置 DHCP Snooping 功能失效的 VLAN

在缺省情况下,DHCP Snooping 功能对所有 VLAN 生效。要使 DHCP Snooping 在某个 VLAN 上失效,则需要将该 VLAN 从 DHCP Snooping 生效的 VLAN 范围中删除。配置命令如表 8-3 所示。

表 8-3            **配置 DHCP Snooping 功能失效的 VLAN**

| 命令 | 作用 |
| --- | --- |
| Switch♯ configure terminal | 进入配置模式 |
| Switch(config)♯ [no] ip dhcp snooping vlan {*vlan-rng* \| {*vlan-min* [*vlan-max*]}} | 配置 DHCP Snooping 功能失效的 VLAN |

配置 DHCP Snooping 功能在 VLAN 1000 上失效命令如下所示。

```
Switch♯ configure terminal
Switch(config)♯ no ip dhcp snooping vlan 1000
Switch(config)♯ end
```

### 8.3.4 配置 DHCP 源 MAC 检查功能

配置 DHCP 源 MAC 检查功能命令（表 8-4）后，设备会对 UNTRUST 口发送的 DHCP REQUEST 报文进行源 MAC 和 Client 字段的 MAC 地址检查，丢弃 MAC 值不相同的不合法的 DHCP 请求报文。默认情况下不检查。

表 8-4            **配置 DHCP 源 MAC 检查功能命令**

| 命令 | 作用 |
| --- | --- |
| Switch♯ configure terminal | 进入配置模式 |
| Switch(config)♯ [no] ip dhcp snooping verify mac-address | 打开或关闭源 MAC 检查功能 |

配置打开 DHCP 源 MAC 检查功能的命令如下：

```
Switch♯ configure terminal
Switch(config)♯ ip dhcp snooping verify mac-address
Switch(config)♯ end
Switch♯ show ip dhcp snooping
Switch DHCP snooping status : ENABLE
DHCP snooping Verification of hwaddr status : ENABLE
DHCP snooping database write-delay time : 0 seconds
DHCP snooping option 82 status : DISABLE
DHCP snooping Support bootp bind status : DISABLE
Interface          Trusted          Rate limit (pps)
--------          --------          ----------------
GigabitEthernet 0/1     YES               unlimited
```

### 8.3.5 配置静态 DHCP Snooping information option

通过配置静态 DHCP Snooping information option 的命令(表 8-5),在进行 DHCP 窥探转发时,给每个 DHCP 请求添加 Option 82 选项。在缺省情况下该功能是关闭的。

表 8-5　　　　　　　　　　配置静态 DHCP Snooping information option 命令

| 命令 | 作用 |
|---|---|
| Switch# configure terminal | 进入配置模式 |
| Switch(config)# [no] ip dhcp snooping information option [standard-format] | 设置 DHCP Snooping information option;standard-format:有此关键字时,填充的格式为标准格式,否则为扩展格式 |
| Switch(config)# [no] ip dhcp snooping information option format remote-id [string ASCII-string \| hostname] | 在扩展格式下配置 Remote ID。string:填充内容为自定义字符串;hostname:填充内容为主机名 |
| Switch(config)# interface *interface-id* | 进入接口配置模式 |
| Switch(config-if)# [no] ip dhcp snooping vlan *vlan-id* information option format-type circuit-id string ASCII-string | 在扩展格式下配置 Circuit ID 的自定义字符串 |
| Switch(config-if)# [no] ip dhcp snooping vlan *vlan-id* information option change-vlan-to vlan *vlan-id* | 在扩展格式下配置 Circuit ID 的 VLAN 映射,与上一步的命令互斥 |

配置打开 DHCP Snooping information option 功能的命令如下:

```
Switch# configure terminal
Switch(config)# ip dhcp snooping information option
Switch(config)# end
Switch# show ip dhcp snooping
Switch DHCP snooping status : ENABLE
DHCP snooping Verification of hwaddr status : ENABLE
DHCP snooping database write-delay time : 0 seconds
DHCP snooping option 82 status : ENABLE
DHCP snooping Support bootp bind status : DISABLE
Interface              Trusted              Rate limit (pps)
---------              -------              ----------------
GigabitEthernet 0/1    YES                  unlimited
```

### 8.3.6 配置定时把 DHCP Snooping 数据库信息写入 flash

为了防止设备断电重启时，设备上的 DHCP 用户信息丢失，导致已成功获取 IP 地址的用户不能通信，DHCP Snooping 提供可配置的定时把 DHCP Snooping 数据库信息写入 flash 的命令以保存 DHCP 用户信息。在默认情况下，定时为 0，即不定时写入flash。配置命令如表 8-6 所示。

表 8-6　　　　　　　配置定时把 DHCP Snooping 数据库信息写入 flash 命令

| 命令 | 作用 |
| --- | --- |
| Switch# configure terminal | 进入配置模式 |
| Switch(config)# [no] ip dhcp snooping database write-delay [time] | 设置 DHCP Snooping 延迟写入 flash 的时间为 600～86400s，缺省为 0 |

设置 DHCP Snooping 延迟写入 flash 的时间为 3600s，命令如下：

```
Switch# configure terminal
Switch(config)# ip dhcp snooping database write-delay 3600
Switch(config)# end
Switch# show ip dhcp snooping
Switch DHCP snooping status : ENABLE
DHCP snooping Verification of hwaddr status : ENABLE
DHCP snooping database write-delay time : 3600 seconds
DHCP snooping option 82 status : ENABLE
DHCP snooping Support bootp bind status : DISABLE
Interface              Trusted              Rate limit (pps)
-----------           -------             ----------------
GigabitEthernet 0/1    YES                  unlimited
```

在设置延迟写入 flash 时间时需要注意，设置时间较短有利于设备信息更有效地保存，但不停擦写 flash 会造成 flash 的使用寿命缩短；设置时间较长能够减少写入 flash 的次数，延长 flash 的使用寿命。

### 8.3.7 手动把 DHCP Snooping 数据库信息写入 flash

为了防止设备断电重启导致设备上的 DHCP 用户信息丢失而使用户不能上网，除了配置定时写入 flash 外，也可以根据需要手动把当前的 DHCP Snooping 绑定数据库信息写入 flash。配置命令如表 8-7 所示。

表 8-7　　　　　　　手动把 DHCP Snooping 数据库信息写入 flash 命令

| 命令 | 作用 |
| --- | --- |
| Switch# configure terminal | 进入配置模式 |

| 命令 | 作用 |
|---|---|
| Switch(config)♯ ip dhcp snooping database write-to-flash | 把 DHCP Snooping 数据库信息写入 flash |

### 8.3.8　手动把 flash 中的信息导入 DHCP Snooping 数据库

在开启 DHCP Snooping 功能时,可以根据需要手动把当前 flash 中的信息导入 DHCP Snooping 数据库。配置命令如表 8-8 所示。

表 8-8　　　　　手动把 flash 中的信息导入 DHCP Snooping 数据库命令

| 命令 | 作用 |
|---|---|
| Switch♯ renew ip dhcp snooping database | 把 flash 中的信息导入 DHCP Snooping 数据库 |

### 8.3.9　配置端口为 TRUST 口

用户通过表 8-9 中的命令来配置设备一个端口为 TRUST 口。在默认情况下所有端口全部为 UNTRUST 口。

表 8-9　　　　　　　　　配置端口为 TRUST 口命令

| 命令 | 作用 |
|---|---|
| Switch♯ configure terminal | 进入配置模式 |
| Switch(config)♯ interface *interface-id* | 进入接口配置模式 |
| Switch(config-if)♯ [no] ip dhcp snooping trust | 将端口设置为 TRUST 口 |

配置设备的一个端口为 TRUST 口,命令如下:

```
Switch♯ configure terminal
Switch(config)♯ interface GigabitEthernet 0/1
Switch(config-if)♯ ip dhcp snooping trust
Switch(config-if)♯ end
Switch♯ show ip dhcp snooping
Switch DHCP snooping status : ENABLE
DHCP snooping Verification of hwaddr status : DISABLE
DHCP snooping database write-delay time : 3600 seconds
DHCP snooping option 82 status : DISABLE
DHCP snooping Support bootp bind status : DISABLE
Interface              Trusted            Rate limit (pps)
------------------------------------------
GigabitEthernet 0/1    YES                unlimited
```

打开 DHCP Snooping 后,只有配置端口为 TRUST 口连接的服务器发出的 DHCP 响应报文才能够被转发。

### 8.3.10 配置端口接收 DHCP 报文的速率

用户通过表 8-10 中的命令可以配置端口接收 DHCP 报文的速率。

表 8-10 配置端口接收 DHCP 报文的速率命令

| 命令 | 作用 |
| --- | --- |
| Switch# configure terminal | 进入配置模式 |
| Switch(config)# interface *interface-id* | 进入接口配置模式 |
| Switch(config-if)# [no] ip dhcp snooping limit rate rate-pps | 设置端口接收 DHCP 报文的速率,会转化成 NFPP 的命令 nfpp dhcp-guard policy per-port rate -pps 200 |

配置设备的一个端口接收 DHCP 报文的速率为 100,命令如下:

```
Switch# configure terminal
Switch(config)# interface GigabitEthernet 0/1
Switch(config-if)# ip dhcp snooping limit rate 100
Switch(config-if)# end
Switch# show run interface GigabitEthernet 0/1
interface GigabitEthernet 0/1
nfpp dhcp-guard policy per-port 100 200
```

### 8.3.11 清空 DHCP Snooping 数据库动态用户信息

如果 DHCP Snooping 的数据库需要重新生成,可用表 8-11 中的命令删除当前的 DHCP Snooping 数据库的信息。

表 8-11 清空 DHCP Snooping 数据库动态用户信息命令

| 命令 | 作用 |
| --- | --- |
| Switch# clear ip dhcp snooping binding [vlan *vlan-id* \|mac \| ip \| interface *interface-id*] | 清空当前数据库的信息,可基于 VLAN、MAC、IP、接口删除,可组合使用 |

手动清空当前数据库的信息,命令如下:

```
Switch# clear ip dhcp snooping binding
```

### 8.3.12 查看 DHCP Snooping 相关配置信息

可以通过表 8-12 中的命令查看 ip DHCP Snooping 相关配置信息。

表 8-12                         **查看 DHCP Snooping 内容命令**

| 命令 | 作用 |
| --- | --- |
| show ip dhcp snooping | 查看 DHCP Snooping 的相关配置信息 |

输入查看 ip DHCP Snooping 命令后,显示内容如下:

```
Switch♯ show ip dhcp snooping
Switch DHCP snooping status：ENABLE
DHCP snooping Verification of hwaddr status：ENABLE
DHCP snooping database write-delay time：3600 seconds
DHCP snooping option 82 status：ENABLE
DHCP snooping Support bootp bind status：ENABLE
Interface              Trusted            Rate limit（pps）
------------           --------           ---------------
GigabitEthernet 0/1    YES                unlimited
```

### 8.3.13   查看 DHCP Snooping 绑定数据库信息

可以通过表 8-13 中的命令查看 ip DHCP Snooping 绑定数据库信息。

表 8-13                  **查看 DHCP Snooping 绑定数据库信息命令**

| 命令 | 作用 |
| --- | --- |
| show ip dhcp snooping binding | 查看 DHCP Snooping 绑定数据库信息 |

输入查看 DHCP Snooping 绑定数据库信息命令后,显示内容如下:

```
Switch♯ show ip dhcp snooping binding
Total number of bindings：1
MacAddress        IpAddress        Lease(sec)   Type           VLAN      Interface
-------------     ------------     ----------   ---------      ------    --------------
001b.241e.6775    192.168.12.9     7200         dhcp-snooping  1         GigabitEthernet 0/5
```

# 8.4   DAI 功能简介

DAI 即对接收到的 ARP 报文进行合法性检查。不合法的 ARP 报文会被丢弃。

## 8.4.1   理解 ARP 欺骗攻击

ARP 协议本身存在缺陷,即 ARP 协议不对接收到的 ARP 报文进行合法性检查。攻击者利用协议的漏洞能轻易地进行 ARP 欺骗攻击。其中,最典型的是中间人攻击。

中间人攻击模式如图 8-8 所示。

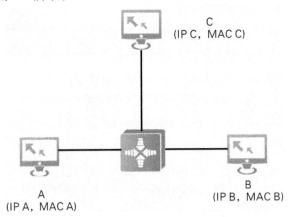

**图 8-8　中间人攻击模式**

设备 A、B、C 均连接在锐捷设备上，并且它们位于同一个子网。它们的 IP 和 MAC 分别表示为(IP A，MAC A)、(IP B，MAC B)、(IP C，MAC C)。当设备 A 需要和设备 B 进行网络层通信时，设备 A 将会在子网内广播一个 ARP 请求，询问设备 B 的 MAC 值。当设备 B 接收到此 ARP 请求报文时，会更新自己的 ARP 缓存，它使用的是 IP A 和 MAC A，并发出 ARP 应答。设备 A 收到此应答后，会更新自己的 ARP 缓存，它使用的是 IP B 和 MAC B。

在这种模式下，设备 C 可以使设备 A 和设备 B 中的 ARP 表项对应关系不正确。其使用的策略是，不断向网络中广播 ARP 应答。此应答使用的 IP 地址是 IP A 和 IP B，而 MAC 地址是 MAC C，这样，设备 A 中就会存在 ARP 表项(IP B，MAC C)，设备 B 中就会存在 ARP 表项(IP A，MAC C)。设备 A 和设备 B 之间的通信就变成了和设备 C 之间的通信，而设备 A、设备 B 对此都一无所知。设备 C 扮演了中间人的角色，只需要把一方发送给自己的报文作适当的修改，转给另一方。这就是中间人攻击模式。

### 8.4.2　理解 DAI 和 ARP 欺骗攻击

DAI 确保只有合法的 ARP 报文才会被设备转发。它主要执行以下几个步骤：

(1)打开 DAI 检查功能的 VLAN，会在其关联的非信任端口上拦截所有 ARP 请求和应答报文。

(2)在做进一步相关处理之前，根据 DHCP 数据库的设置，对拦截的 ARP 报文进行合法性检查。

(3)丢弃没有通过检查的报文。

(4)对通过检查的报文继续做相应的处理，发送给相应的目的地。

(5)对比 DHCP Snooping 绑定表内的条目，判断 ARP 报文是否合法。

### 8.4.3　接口信任状态和网络安全

基于设备上每一个端口的信任状态，对 ARP 报文作出相应的检查。对从受信任端口接收到的报文跳过 DAI 检查,它被认为是合法的 ARP 报文;对从非信任端口接收到的 ARP 报文,严格执行 DAI 检查。

在一个典型的网络配置中,应该将连接到网络设备的二层端口设置为受信任端口,将连接到主机设备的二层端口设置为非信任端口。

将一个二层端口错误地配置成非信任端口可能会影响网络正常通信。

# 8.5　配置 DAI

DAI 是一个基于 ARP 协议的安全过滤技术,简而言之,就是配置一系列的过滤策略使得经过设备的 ARP 报文的合法性得到更加有效的检验。要使用 DAI 相关功能,可选择性地执行以下各项任务:

(1)启用指定 VLAN 的 DAI 功能(必须);

(2)设置端口的信任状态(可选);

(3)DHCP Snooping database 相关配置(可选)。

## 8.5.1　启用指定 VLAN 的 DAI 报文检查功能

如果没有启用 VLAN 的 DAI 报文检查功能,该 VLAN 的 ARP 报文会跳过 DAI 相关的安全检查(不会跳过 ARP 报文限速)。

可以通过命令 show ip arp inspection vlan 查看所有 VLAN 是否启用了 DAI 报文检查功能。

在接口配置模式中执行表 8-14 中的命令,以配置 VLAN 的 DAI 报文检查功能。

表 8-14　　　　　　　**配置指定 VLAN 的 DAI 报文检查功能命令**

| 命令 | 作用 |
| --- | --- |
| Switch(config) # ip arp inspection vlan *vlan-id* | 打开指定 VLAN 的 DAI 报文检查功能 |
| Switch(config) # no ip arp inspection vlan *vlan-id* | 关闭指定 VLAN 的 DAI 报文检查功能。在缺省情况下,所有 VLAN 的 DAI 报文检查功能是关闭的。不填写 *vlan-id* 时关闭所有 VLAN 的 DAI 报文检查功能 |

## 8.5.2　设置端口的信任状态

设置端口的信任状态被应用在二层接口配置模式中,且此二层接口为一个 SVI(switch virtual interface,交换机虚拟接口)的成员口。

如果端口是可信任的,ARP 报文将跳过进一步检查,否则,使用 DHCP Snooping 数据库的信息来检查当前 ARP 报文的合法性。

在接口配置模式中执行以下命令,设置端口的信任状态:

```
Switch(config-if) # ip arp inspection trust
```

### 8.5.3　DHCP Snooping database 相关配置

如果没有配置 DHCP Snooping database,则所有 ARP 报文通过检查。

### 8.5.4　查看 VLAN 是否启用 DAI 功能

要查看各 VLAN 的启用状态,可在全局配置模式中执行以下命令:

```
Switch♯ show ip arp inspection vlan
```

### 8.5.5　查看各二层接口 DAI 配置状态

要查看各二层接口 DAI 配置状态,可在全局配置模式中执行以下命令:

```
Switch♯ show ip arp inspection interface
```

支持 NFPP 的产品,速率限制由 NFPP 完成,不再通过 DAI 进行设置,因此上述命令只显示接口的信任状态。

据第 49 次《中国互联网络发展状况统计报告》,截至 2021 年 12 月,我国网民规模达到了 10.32 亿;我们的生活、工作都离不开网络,网络安全的重要性达到了前所未有的高度。从近几年勒索软件横行、大规模 DDoS(分布式拒绝服务)攻击等网络安全事故可以看出,网络安全已经不仅是网络本身的安全,还涉及国家安全、社会稳定、公民隐私等。我们在学习专业知识的同时,更需要增强网络安全意识,提升网络安全技能。

【任务实施】

# 8.6　DHCP Snooping 配置实训

**1. 实训目标**

在接入设备 Switch B 上开启 DHCP Snooping 功能。

(1)DHCP 客户端用户通过合法 DHCP 服务器动态获取 IP 地址。

(2)避免其他用户私设 DHCP 服务器。

**2. 实训环境**

DHCP Snooping 配置拓扑图如图 8-9 所示。

**3. 实训要点**

在接入设备 Switch B 上开启 DHCP Snooping 功能,将上联口(端口 Gi0/1)设置为信任口。

**4. 实训步骤**

配置 Switch B。

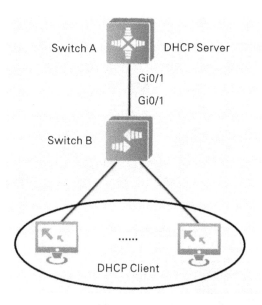

图 8-9 DHCP Snooping 配置拓扑图

第一步,打开 DHCP Snooping 功能。

Switch B♯configure terminal
Enter configuration commands,one per line. End with CNTL/Z.
Switch B(config)♯ip dhcp snooping

第二步,配置上联口为信任口。

Switch B(config)♯interface GigabitEthernet 0/1
Switch B(config-if-GigabitEthernet 0/1)♯ip dhcp snooping trust

### 5. 实验调试

第一步,确认 Switch B 的配置,注意是否开启 DHCP Snooping 功能、配置的 DHCP Snooping 信任口是否为上联口。

SwitchB ♯show running-config
!
ip dhcp snooping
!
interface GigabitEthernet 0/1
ip dhcp snooping trust

第二步,查看 Switch B 的 DHCP Snooping 配置情况,注意信任口是否正确。

```
Switch B ♯show ip dhcp snooping
Switch DHCP snooping status ：ENABLE
DHCP snooping Verification of hwaddr status ：DISABLE
DHCP snooping database write-delay time ：0 seconds
DHCP snooping option 82 status ：DISABLE
DHCP snooping Support bootp bind status ：DISABLE
Interface                Trusted              Rate limit（pps）
_____      _____              _____
GigabitEthernet 0/1      YES                  unlimited
```

第三步，查看 DHCP Snooping 地址绑定数据库信息（用户的 MAC 地址、动态分配的 IP 地址、地址租期、对应的 VLAN 和端口号等）。

```
Switch B ♯show ip dhcp snooping binding
Total number of bindings：1
MacAddress       IpAddress        Lease(sec)      Type          VLAN       Interface
_____   _____     _____    _____    _____     _____
0013.2049.9014   172.16.1.2       86207           dhcp-snooping   1        GigabitEthernet 0/11
```

# 8.7　DAI 配置实训

### 1. 实训目标

如图 8-10 所示，用户 PC 的 IP 地址是 DHCP 服务器自动分配的，为了保证用户能够正常上网，应满足如下要求。

（1）用户 PC 只能从指定的 DHCP 服务器获取 IP 地址，不允许私设 DHCP 服务器。

（2）用户 PC 只能使用合法 DHCP 服务器分配的 IP 地址上网，不允许随意设置 IP 地址。

### 2. 实训环境

DAI 配置拓扑图如图 8-10 所示。

### 3. 实训要点

（1）在接入交换机 Switch A 上启用 DHCP Snooping 功能，将连接合法 DHCP 服务器的上联口（Gi0/3）设置为信任口，可满足第一个需求。

（2）在接入设备 Switch A 启用 DHCP Snooping 功能的基础上，启用 DAI 功能，可满足第二个需求。

（3）在汇聚或核心交换上如有其他 PC 设备接入并存在私设 DHCP 服务器的可能，也需要启用 DHCP Snooping 功能。

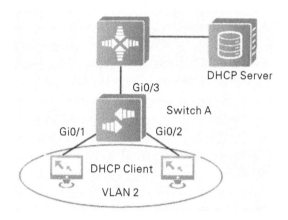

**图 8-10 DAI 配置拓扑图**

### 4. 实训步骤

配置 Switch A。

第一步,设置直连用户 PC 端口的 VLAN。

```
Switch A♯configure terminal
Enter configuration commands, one per line. End with CNTL/Z.
Switch A(config)♯interface range GigabitEthernet 0/1-2
Switch A(config-if-range)♯switchport access vlan 2
```

第二步,开启 DHCP Snooping 功能。

```
Switch A(config-if-range)♯exit
Switch A(config)♯ip dhcp snooping
```

第三步,在对应的 VLAN 上开启 DAI 功能。

```
Switch A(config)♯ip arp inspection vlan 2
```

第四步,将上联口设置为 DHCP Snooping 信任口。

```
Switch A(config)♯interface GigabitEthernet 0/3
Switch A(config-if-GigabitEthernet 0/3)♯ip dhcp snooping trust
```

第五步,将上联口设置为 DAI 信任口。

```
Switch A(config-if-GigabitEthernet 0/3)♯ip arp inspection trust
```

### 5. 实验调试

第一步,确认配置是否正确,注意 DHCP Snooping/DAI 功能是否被启用,信任接口是否正确。

```
Switch A♯show running-config
ip dhcp snooping
ip arp inspection vlan 2
interface GigabitEthernet 0/1
switchport access vlan 2
interface GigabitEthernet 0/2
switchport access vlan 2
interface GigabitEthernet 0/3
ip dhcp snooping trust
ip arp inspection trust
```

第二步,查看 DHCP Snooping 的使能状态以及对应的信任端口,注意上联口是否设置为可信任接口。

```
Switch A ♯show ip dhcp snooping
Switch DHCP snooping status ：ENABLE
DHCP snooping Verification of hwaddr status ：DISABLE
DHCP snooping database write-delay time ：0 seconds
DHCP snooping option 82 status ：DISABLE
DHCP snooping Support bootp bind status ：DISABLE
Interface              Trusted      Rate limit（pps）
----------------------------------------
GigabitEthernet 0/3     YES          unlimited
```

第三步,查看 DAI 状态,注意对应的 VLAN 的使能情况和上联口是否被设置为可信任接口。

```
Switch A ♯show ip arp inspection vlan
Vlan Configuration
--------------------
2 Enable
Switch♯show ip arp inspection interface
Interface           Trust State
-------------------------------
GigabitEthernet 0/1   Untrusted
GigabitEthernet 0/2   Untrusted
GigabitEthernet 0/3   Trusted
```

如果需要查看 DHCP Snooping 形成的数据库绑定信息，可以通过 show ip dhcp snooping binding 命令实现，在此不再列举。

## 【任务小结】

配置 DHCP Snooping 功能是为了避免非法 DHCP 服务器接入内网而对正常 DHCP 服务产生影响。

管理员通过维护 DHCP Snooping 数据库的内容，从而简化对 DHCP 客户机的管理工作。

DHCP 源 MAC 检查功能开启后，能够丢弃非法的 DHCP 请求报文。

DHCP Snooping 结合 DAI 功能可以防止客户端私设 IP，进一步保障 DHCP 服务的可靠性。

DHCP Snooping 相关命令如表 8-15 所示。

表 8-15　　　　　　　　　　　　　　DHCP Snooping 命令

| 命令 | 作用 |
|---|---|
| Switch(config)# [no] ip dhcp snooping | 打开或关闭 DHCP Snooping 功能 |
| Switch(config)# [no] ip dhcp snooping vlan {vlan-rng \| {vlan-min [vlan-max]}} | 配置 DHCP Snooping 功能失效或生效的 VLAN |
| Switch(config-if-GigabitEthernet 0/1)# ip dhcp snooping trust | 将端口设置为 TRUST 口 |
| Switch(config)# [no] ip dhcp snooping verify mac-address | 打开或关闭源 MAC 检查功能 |
| Switch(config)# [no] ip arp inspection vlan vlan-id | 开启或关闭指定 VLAN 的 DAI 报文检查功能 |
| Switch# show ip dhcp snooping database | 查看 DHCP Snooping 数据库中的信息条目 |
| Switch# show ip arp inspection vlan | 查看 VLAN 的 DAI 启用状态 |
| Switch# show ip arp inspection interface | 查看二层接口 DAI 配置状态 |

## 【任务拓展】

**1. 填空题**

（1）DHCP Snooping 数据库的作用是记录客户端获取的_____等信息，该数据库的信息可以通过设备的_____进行保存或还原。

（2）如果要调节 DHCP 数据包的接收速率，需要在_____，使用_____命令。

（3）当交换机的所有终端接口启用了 DAI 功能，并在此之后连接终端设备，那么此时交换机只会转发来自_____的终端数据包。出现这一现象的主要原因是 DHCP snooping 数据库中_____。

（4）在内网中的接入层交换机的全局模式中执行了 ip dhcp snooping 命令，过了一会发现 DHCP 客户端的 IP 地址变成了 169.254.×.×网段的保留地址，并且无法上网，这代表 DHCP 客户端_____，这可能是因为没有设置_____。为了解决这个问题，需要进入_____接口中执行_____命令。

**2. 选择题（选择一项或多项）**

（1）DHCP 客户端接收到（　　　）报文后，才能开始使用服务器分配的 IP 地址。

A. DHCP NAK                    B. DHCP OFFER

C. DHCP REQUEST             D. DHCP ACK

（2）属于 DHCP 应答报文的有（　　　）。

A. DHCP DISCOVER           B. DHCP OFFER

C. DHCP REQUEST             D. DHCP ACK

（3）当交换机启用 DHCP Snooping 功能后，只有（　　　）端口能够转发 DHCP 的应答报文。

A. VLAN       B. UNTRUST       C. TRUNK       D. TRUST

（4）DHCP 源 MAC 检测功能具体是指检测该 DHCP 请求中的源 MAC 和（　　　）地址是否一致。

A. ciaddr       B. yiaddr       C. giaddr       D. chaddr

（5）启用 DAI 功能后，交换机会对比 ARP 报文的（　　　）字段与 DHCP Snooping 数据库中记录是否一致。

A. IP       B. MAC       C. PORT       D. VLAN

（6）接入层交换机上的（　　　）接口不适合启用 DAI 功能。

A. 上联       B. SVI       C. 终端       D. 以上都不是

**3. 综合题**

用户网关在核心交换机上，核心交换机创建 DHCP Server，接入交换机下联 PC 使用动态 DHCP 获取 IP 地址，为了防止下联用户之间的 ARP 欺骗及下联用户欺骗网关，使用 DHCP Snooping ＋DAI 方案解决 ARP 欺骗问题。网络拓扑如图 8-11 所示，请按照以下要求完成实训。

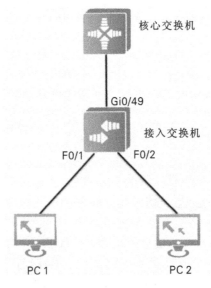

图 8-11　综合题拓扑图

（1）在核心交换机上启用 DHCP Server 功能（用户端也有可能使用专用的 DHCP 服务器，核心交换机只需要启用 DHCP Relay）。

（2）在接入交换机上全局启用 DHCP Snooping 功能，并且在上联核心的端口开启 DHCP Snooping 信任口。

（3）全局启用 DAI 检测功能，上联口启用 DAI Trust 功能。

（4）调整 CPP 限制和 NFPP 功能，TRUNK 裁减优化。

# 任务9　用 NAT 实现局域网和 Internet 互联

## 【知识目标】

❖ 了解 NAT 的作用和分类。

❖ 掌握静态 NAT、动态 NAT 和 PAT 三种 NAT 的配置方法。

## 【能力目标】

❖ 能够使用 NAT 完成内外网的连通。

❖ 能够在实际网络中灵活选择适当的 NAT 方案。

## 【素质目标】

❖ 树立大局观,增强效率意识。

❖ 提高资源利用率,实现共享共赢。

## 【任务描述】

某公司内部网络使用私有 IP 地址,既可以根据部门灵活划分 IP 地址范围,又可以节省开支,轻松实现各部门间的连通。在与外部 Internet 连通时,需要将内部私有地址转换为公网可以使用的地址,现要求内外网接口处的路由器负责地址转换,完成内外网连通。网络工程师需根据公司不同阶段面临的不同情况,使用合适的方法实现地址转换。

## 【知识储备】

## 9.1　认识 NAT

当前的 Internet 主要基于 IPv4 协议,IPv4 中规定 IP 地址用 32 位二进制数来表示,而用户访问 Internet 的前提是拥有属于自己的 IPv4 地址。由于网络技术的优先发展,美国掌握着全球 IP 地址的分配权,互联网的迅猛发展导致地址分配严重不均。

IP 地址的极度短缺,催生了 NAT(network address translation,网络地址转换)技术。在网络构建过程中,网络工程师需合理规划,使用最少的网络设备搭建满足功能需求的网络,提高资源利用率。除此以外,唯有在 IT 世界积极创新,掌握核心技术,才有支配权和控制权,目前,我国在 5G 等领域已经走在世界前列。未来需要大家创造,为把我国建成世界科技强国而不懈奋斗,贡献自己的力量。

根据 RFC 1918 的规定,IPv4 单播地址中预留三个私有地址(private address)段

（表 9-1），使用者无须注册，但仅可在局域网内部任意支配，超出所在局域网范围无法被 Internet 路由器识别并路由。

表 9-1　　　　　　　　　　　　　**RFC 1918 定义的私有地址段**

| IP 地址类别 | 私有地址范围 | 网络个数 |
| --- | --- | --- |
| A | 10.0.0.0～10.255.255.255 | 1 |
| B | 172.16.0.0～172.31.255.255 | 16 |
| C | 192.168.0.0～192.168.255.255 | 256 |

除表 9-1 中的三个私有地址段外，其他的 IPv4 单播地址（除少数保留做特殊用途的地址外，如 0.0.0.0/8 和 127.0.0.0/8）称为公网地址（public address），由 IANA（Internet assigned numbers authority，互联网数字分配机构）统一管理，这些 IP 地址的分配须向 IANA 授权机构提出申请。公网地址可以在 Internet 上使用，可以被 Internet 路由器识别。

每一个组织机构都需要为其局域网内部每一个网络节点分配 IP 地址，当然可以使用公网地址，但会出现以下问题：

（1）公网地址需要向管理机构申请，如果网络规模很大，那么费用相当高。

（2）每一个组织的网络节点都使用公网地址会加速 IPv4 地址的耗尽。

（3）内部网节点和 Internet 直接通信，增加了安全隐患。

因此，局域网内部通常选择使用私有地址，不仅能免去申请费用，而且能够保证和公网地址不产生冲突，但如果局域网要接入 Internet，就需要把私有地址转换为能够被 Internet 识别并路由的公网地址，即网络地址转换（NAT）。

NAT 已被广泛应用于内外网接口处，一方面解决了 IPv4 地址匮乏的问题，另一方面隐藏了内部网络地址，有效地避免了来自外部的攻击，提高了局域网内部用户的安全性。

NAT 功能通常被集成到路由器、防火墙或者单独的 NAT 设备中，这些设备应该位于局域网和 Internet 的边界。在讲述 NAT 技术的过程中，经常会使用到以下术语。

（1）内部网络（internal network）：局域网内部的网络，网络内所有节点使用私有地址，在网络互连过程中需要充当地址转换的一方。

（2）外部网络（external network）：使用公网地址空间的网络，在网络互连过程中不需要充当地址转换的一方。

（3）NAT 设备：处于内部网络和外部网络的接口，负责公网地址和私有地址之间的转换。通常由路由器充当。

（4）NAT 表：在地址转换的过程中，NAT 设备会在其内部维护一张记录私有地址和公网地址映射关系的表格，以便外部网络回应内部网络的请求时，可以准确定位到内部网络的某个节点。

（5）TU Port（TCP/UDP Port）：与某个 IP 地址相关联的 TCP/UDP 端口。如 Telnet 的 TU Port 为 23，HTTP 的 TU Port 为 80。

（6）地址池（address pool）：IP 地址的集合。在 NAT 技术中地址池主要为公网地址的集合，动态地址转换时，NAT 设备从中为内部网络用户选择公网地址。

通常，按照地址映射关系的产生方式将 NAT 分为静态 NAT 和动态 NAT 两大类。

（1）静态 NAT。

静态 NAT 是最简单的一种地址转换方式。私有地址和公网地址间是确定的一对一的映射关系，适用于内部网络与外部网络之间有少量的固定访问需求的情形。静态 NAT 因工作机制简单且应用场合较少，此处不做介绍。配置命令为：

Router(config)♯ip nat inside source static *local-addr global-addr*

（2）动态 NAT。

私有地址与公网地址间的映射关系由报文动态决定。动态 NAT 适用于内部网络有大量用户需要访问外部网络需求的情形。这种情况下，关联中指定的 NAT 地址池资源由内网报文按需从中选择使用，该资源会在访问外网的会话结束后释放给其他用户。

动态 NAT 根据是否使用端口信息分别使用多对多或端口复用（port address translation，PAT）两种方式来定义。前者为不使用 TCP/UDP 端口信息实现的多对多地址转换；PAT 为使用 TCP/UDP 端口信息实现的多对一地址转换。此外，一对多的转换方式直接使用接口的 IP 地址作为转换后的地址。

# 9.2 用多对多的地址转换方式实现内外网互联

用多对多的地址转换方式实现内外网互联，首先要在 NAT 设备上配置一个公网地址池，在需要转换时从地址池中动态分配一个公网地址给内部网络用户。

## 9.2.1 多对多工作过程

如图 9-1 所示，R1 为内部网络和外部网络之间的接口，充当 NAT 设备。R1 左边网络为内部网络，右边为外部网络。现假定内部网络主机 PC A（IP 地址：10.1.1.1/24）需要访问外部网络中的 Server（IP 地址：200.1.1.1/24），R1 上设定好的地址池为 198.1.1.100～198.1.1.110，R1 负责的地址转换过程如下。

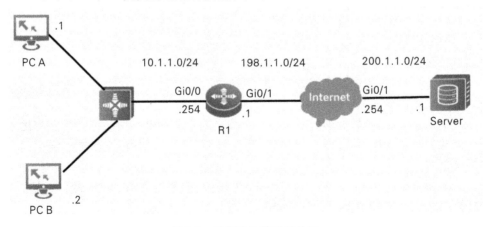

图 9-1 网络地址转换拓扑图

(1)PC A 向其默认网关 10.1.1.254 发送 IP 报文,目的地为 Server,即 IP 报文源地址为 10.1.1.1,目的地址为 200.1.1.1。

(2)R1 接收到报文,查找路由表得知出接口为 Gi0/1,欲将报文从出接口转出,但此处需配置 NAT 将私有地址(10.1.1.10)转换为公网地址。

(3)R1 查找地址池,选择第一个空闲的公网地址,即 198.1.1.100,替代私有地址(10.1.1.100)在外部网络上进行通信,即 IP 报文的源地址变为 198.1.1.100,目的地址仍为 200.1.1.1。此时,R1 会在 NAT 表中添加一条记录:10.1.1.1→198.1.1.100,标记此映射关系,然后将 IP 报文路由到目的地址。

至此,通过 NAT 将私有地址转换为公网地址过程结束。但通信通常是双方呼应的。当 Server 收到 IP 报文进行处理后需向 PC A 发送回应报文。

(1)回应报文的源地址为 200.1.1.1,目的地址为 198.1.1.100。

(2)R1 接收到报文后发现目的地址 198.1.1.100 处于 NAT 地址池内,则查找 NAT 表,找到此前的记录 10.1.1.1→198.1.1.100,使用私有地址 10.1.1.1 替换公网地址 198.1.1.100,此时报文的源地址仍为 200.1.1.1,目的地址变为 10.1.1.1,然后 R1 将报文转发至内部网络的 PC A 主机。

(3)PC A 接收到 Server 的回应报文,整个转换过程结束。

### 9.2.2 配置多对多的地址转换

上文详细说明了多对多的地址转换过程,依其所述,配置过程如下。

(1)配置一个公网地址池,通常来说,地址池是一些连续的公网 IP 地址的集合。NAT 地址池的配置命令如下:

Router(config)♯ip nat pool *pool-name start-addr end-addr* netmask *netmask*
*start-addr* 为起始地址;*end-addr* 为结束地址。

若需删除已配置好的地址池,则用如下配置命令:

Router(config)♯no ip nat pool *pool-name*

(2)配置一个 ACL,用于匹配需要进行地址转换的报文。被 ACL 允许的报文将进行NAT 转换,被拒绝的报文不会被转换。

(3)定义 NAT 设备的内网口和外网口,关联 ACL 和 NAT 地址池,命令如下:

Router(config)♯interface GigabitEthernet 0/0
Router(config-if-GigabitEthernet 0/0)♯ip nat inside
Router(config)♯interface GigabitEthernet 0/1
Router(config-if-GigabitEthernet 0/1)♯ip nat outside
Router(config)♯ip nat inside source list *acl-number* pool *pool-name* {overload}

其中 *acl-number* 为 ACL 的标号,不加 overload 表示只做一对一的地址转换,且只转换数据包的地址而不转换端口。

如需取消网络地址转换,则可配置如下命令。

Router(config)♯no ip nat inside source list *acl-number* pool *pool-name* {overload}

### 9.2.3　NAT 的显示和维护

在完成上述配置后，在特权模式下执行 show 命令将显示网络地址转换配置后的运行情况，通过查看显示信息验证配置的效果。在特权模式下输入命令 clear ip nat translation 可以清除地址转换信息。表 9-2 列出了查看 NAT 相关信息的命令。

表 9-2　　　　　　　　　　　　　　　　　NAT 显示命令

| 命令 | 说明 |
| --- | --- |
| show ip nat translations | 显示地址转换信息 |

# 9.3　用端口复用(PAT)实现内外网互联

在多对多的地址转换方式中，私有地址与公网地址间是一对一的关系，即一个公网地址在同一时刻只能被分配给一个私有地址。它只解决了使用私有地址的内部网络和外部网络之间的通信问题，并不能节约公有地址，无法解决 IPv4 地址匮乏的问题。

PAT 即端口地址转换，是在对报文进行 IP 地址转换时，将其协议类型和传输层端口号同时转换的一种方式。用 PAT 实现内外网互联，私有地址和公网地址为多对一的关系，可以极大地提高 IP 地址的利用效率。

### 9.3.1　PAT 工作过程

仍以图 9-1 为例，现假定内部网络主机 PC A(IP 地址：10.1.1.1/24)需要访问外部网络中 Server(IP 地址：200.1.1.1/24)上的 WWW 服务，R1 上设定好的地址池为 198.1.1.100～198.1.1.110，R1 负责的地址转换过程如下：

(1)PC A 向其默认网关 10.1.1.254 发送 IP 报文，目的地为 Server，即 IP 报文源地址的端口号为 10.1.1.1:1001，目的地址的端口号为 200.1.1.1:80。

(2)R1 接收到报文，查找路由表得知出接口为 Gi0/1，欲将报文从出接口转出，但此处需配置 NAT 将私有地址的端口号(10.1.1.10:1001)转换为公网地址的端口号。

(3)R1 查找地址池，选择第一个空闲的公网地址，即 198.1.1.100，用来替代私有地址(10.1.1.100)，并查找该公网地址的可用端口，如 2002，用来替换源端口号(1001)，即 IP 报文的源地址的端口号变为 198.1.1.100:2002，目的地址的端口号仍为 200.1.1.1:80。此时，R1 会在 NAT 表中添加一条记录：10.1.1.1:1001→198.1.1.100:2002，标记此映射关系，然后将 IP 报文路由到目的地址(200.1.1.1)。

至此，通过 NAT 将私有地址的端口号转换为公网地址的端口号过程结束。但通信通常是双方呼应的。当 Server 收到 IP 报文进行处理后需向 PC A 发送回应报文。

(1)回应报文的源地址的端口号为 200.1.1.1:80，目的地址端口号为 198.1.1.100:2002。

(2)R1 接收到报文后发现目的地址 198.1.1.100 处于 NAT 地址池内，则查找 NAT

表,找到此前的记录 10.1.1.1:1001→198.1.1.100:2002,使用私有地址的端口号 10.1.1.1:1001 替换公网地址的端口号 198.1.1.100:2002,此时报文的源地址的端口号仍为 200.1.1.1:80,目的地址的端口号变为 10.1.1.1:1001,然后 R1 将报文转发至内部网络的 PC A 主机。

(3)PC A 接收到 Server 的回应报文,整个转换过程结束。

由以上过程可以看出,用 PAT 实现内外网互联时,公网地址多次使用,地址池中的公网地址数量可以大大少于局域网内部需要访问外部网络的节点数,极大地解决了 IPv4 公网地址匮乏的问题。

### 9.3.2　配置 PAT

上文详细说明了 PAT 的地址转换过程,由此可知,PAT 的配置过程与多对多的地址转换配置过程基本相同。

因而,PAT 与多对多的地址转换方式区别仅在于:PAT 关联 ACL 和 NAT 地址池时加 overload 关键字,表示端口复用允许端口转换,而多对多地址转换方式不加 overload 关键字,表示不允许端口转换。

# 9.4　用一对多的地址转换方式实现内外网互联

由 9.3 节可知,PAT 配置时首先需要创建 NAT 地址池,但在通常的上网方式中,公网地址是由运营商动态分配的,所以无法事先确定具体的地址及其范围,由此引出一对多的地址转换方式。

一对多也是基于端口的地址转换,属于特殊的 PAT。一对多的地址转换工作原理和 PAT 相同,不仅对 IP 报文的 IP 地址进行转换,还对协议类型和传输层端口号进行转换。但区别在于,一对多的地址转换不用创建 NAT 地址池,可以直接使用 NAT 设备与外部网络相连的出接口 IP 地址作为转换后的公网地址,适用于动态获得公网 IP 地址的情形。

一对多的配置相对普通的 PAT 比较简化,在 NAT 设备的出接口已获得动态 IP 地址后,配置过程如下:

(1)配置一个 ACL,用于匹配需要被地址转换的报文。被 ACL 允许的报文被进行 NAT 转换,被拒绝的报文不会被转换。

(2)定义 NAT 设备的内网口和外网口,关联 ACL,命令如下:

Router(config)♯interface GigabitEthernet 0/0

Router(config-if-GigabitEthernet 0/0)♯ip nat inside

Router(config)♯interface GigabitEthernet 0/1

Router(config-if-GigabitEthernet 0/1)♯ip nat outside

Router(config)♯ip nat inside source list *acl-number* interface GigabitEthernet 0/1 overload

其中 *acl-number* 为 ACL 的标号。

# 9.5 用端口映射实现外网主动发起连接

由多对多的地址转换方式和端口复用的工作原理可知，NAT 设备中的 NAT 表由内部网络中需要访问外网的节点主动发起访问请求而建立。如果外部网络中的主机主动向内部网络节点发起访问请求，NAT 设备则因没有依据而无法进行地址转换。因此，NAT 隐藏了内部网络结构，有效地避免了来自外部的攻击，提高了局域网内部用户的安全性。但在实际应用中，内部网络可能需要为外部网络提供服务，如 FTP 服务、Web 服务等，这便需要引入新的 NAT 特性来实现——NAT Server。

## 9.5.1 端口映射工作过程

端口映射是在 NAT 设备上以静态映射的方式将私有地址的端口号对应公网地址的端口号，以供外部网络中的节点访问内部网络中的特定服务。

如图 9-2 所示，现假定内部网络中的 Server 提供 Web 服务，IP 地址端口号为 10.1.1.1:8001，要为外部网络访问，需要在 NAT 设备 R1 上配置 NAT Server，将私有地址的端口号 10.1.1.1:8001 映射为公网地址的端口号 198.1.1.100:80。

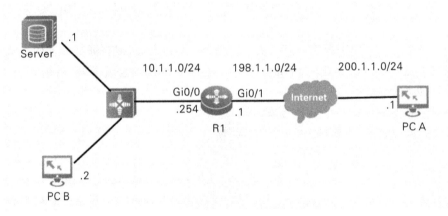

**图 9-2 端口映射工作过程拓扑图**

## 9.5.2 配置端口映射

配置 NAT Server 时，需要在 NAT 设备上使用如下命令：
Router(config)♯ip nat outside source static *pro-type global-addr global-port private-addr private-port*

*global-addr*：公网 IP 地址；

*global-port*：公网端口号；

*private-addr*：内部网络节点地址；

*private-port*：内部网络节点端口号。

若需删除 NAT Server,则使用如下命令:

Router(config)♯no ip nat outside source static *pro-type global-addr global-port private-addr private-port*

【任务实施】

# 9.6　多对多地址转换配置实训

## 1. 实训目标

(1)了解多对多地址转换的运行机制。

(2)掌握多对多地址转换的配置方法。

(3)掌握网络地址转换的检查方法。

## 2. 实训环境

配置多对多地址转换方式拓扑图如图 9-3 所示。

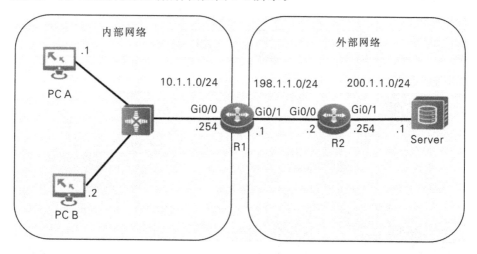

图 9-3　配置多对多地址转换方式拓扑图

## 3. 实训要求

假定企业已申请到一些公网地址,地址范围为 198.1.1.100～198.1.1.110,请在 NAT 设备 R1 上配置多对多地址转换实现企业局域网可以成功访问 Internet 上的服务器。

## 4. 实训步骤

(1)依照图 9-3 搭建实训环境,完成主机 PC A、PC B 和 Server 的 IP 地址、子网掩码、默认网关等基本配置,其中 PC A 的 IP 地址为 10.1.1.1/24,默认网关为 10.1.1.254,PC B 的 IP 地址为 10.1.1.2/24,默认网关为 10.1.1.254,Server 的 IP 地址为 200.1.1.1/24,默认网关为 200.1.1.254。路由器 R1 和 R2 各接口 IP 地址及掩码的配置如下:

```
R1(config)♯interface GigabitEthernet0/0
R1(config-if)♯ip address 10.1.1.254 255.255.255.0
R1(config-if)♯no shutdown
R1(config)interface GigabitEthernet0/1
R1(config-if)♯ip address 198.1.1.1 255.255.255.0
R1(config-if)♯no shutdown
```

```
R2(config)♯interface GigabitEthernet0/0
R2(config-if)♯ip address 198.1.1.2 255.255.255.0
R2(config-if)♯no shutdown
R2(config)♯interface GigabitEthernet0/1
R2(config-if)♯ip address 200.1.1.254 255.255.255.0
R2(config-if)♯no shutdown
```

（2）为了使外部网络实现互联，需要在路由器 R1、R2 上配置路由协议，因拓扑简单，此处选择在 R1 上增加一条静态路由通往 Server 所在的网络。

```
R1(config)♯ip route 200.1.1.0 255.255.255.0 198.1.1.2
```

此时查看路由表可知，通过静态路由增加了一条通往 200.1.1.0/24 的条目。

```
R1♯ show ip route
        10.0.0.0/8 is variably subnetted, 2 subnets, 2 masks
C          10.1.1.0/24 is directly connected, GigabitEthernet0/0
L          10.1.1.254/32 is directly connected, GigabitEthernet0/0
        198.1.1.0/24 is variably subnetted, 2 subnets, 2 masks
C          198.1.1.0/24 is directly connected, GigabitEthernet0/1
L          198.1.1.1/32 is directly connected, GigabitEthernet0/1
S       200.1.1.0/24 [1/0] via 198.1.1.2
```

在 R1 上执行 Ping 命令，可以连通 Server。

```
R1♯ping 200.1.1.1
Type escape sequence to abort.
Sending 5, 100-byte ICMP Echos to 200.1.1.1, timeout is 2 seconds：
!!!!!
Success rate is 100 percent (5/5), round-trip min/avg/max = 0/0/0 ms
```

在 PC A 或者 PC B 上执行 Ping 命令，检查其与 Server 的连通性。

```
C:\>ping 200.1.1.1

Pinging 200.1.1.1 with 32 bytes of data:

Request timed out.
Request timed out.
Request timed out.
Request timed out.

Ping statistics for 200.1.1.1:
    Packets: Sent = 4, Received = 0, Lost = 4 (100% loss)
```

由结果可知,PC A 或 PC B 无法 Ping 通 Server。因为内部网络使用的私有地址无法在外部网络直接路由。

(3)在 R1 上配置多对多地址转换。

①创建 NAT 地址池,IP 地址范围为 198.1.1.100～198.1.1.110。

```
R1(config)#ip nat pool a 198.1.1.100 198.1.1.110 netmask 255.255.255.0
```

②定义一条允许 10.1.1.0/24 网段流量通过的 ACL。

```
R1(config)#access-list 1 permit 10.1.1.0 0.0.0.255
```

③设置 R1 的 inside 口和 outside 口,将地址池与 ACL 关联。

```
R1(config)#interface GigabitEthernet0/0
R1(config-if)#ip nat inside
R1(config-if)#interface GigabitEthernet0/1
R1(config-if)#ip nat outside
R1(config-if)#exit
R1(config)#ip nat inside source list 1 pool a
```

### 5. 实训调试

(1)检查连通性。

在 PC A 和 PC B 上分别执行 Ping 命令,检查其与 Server 的连通性,为使得 NAT 表项持续时间足够长,方便后续查看,此处发送多个 Ping 包。

```
C:\>ping -n 1000 200.1.1.1

Pinging 200.1.1.1 with 32 bytes of data:
Reply from 200.1.1.1: bytes=32 time<1ms TTL=126
Reply from 200.1.1.1: bytes=32 time<1ms TTL=126
Reply from 200.1.1.1: bytes=32 time<1ms TTL=126
……
Ping statistics for 200.1.1.1:
    Packets: Sent = 5, Received = 5, Lost = 0 (0% loss),
Approximate round trip times in milli-seconds:
    Minimum = 0ms, Maximum = 9ms, Average = 1ms
```

（2）检查 NAT 表项。

```
R1#show ip nat translations
```

| Pro | Inside global | Inside local | Outside local | Outside global |
|-----|---------------|--------------|---------------|----------------|
| icmp | 198.1.1.100:41 | 10.1.1.1:41 | 200.1.1.1:41 | 200.1.1.1:41 |
| icmp | 198.1.1.100:42 | 10.1.1.1:42 | 200.1.1.1:42 | 200.1.1.1:42 |
| icmp | 198.1.1.100:43 | 10.1.1.1:43 | 200.1.1.1:43 | 200.1.1.1:43 |
| icmp | 198.1.1.101:1 | 10.1.1.2:1 | 200.1.1.1:1 | 200.1.1.1:1 |
| icmp | 198.1.1.101:2 | 10.1.1.2:2 | 200.1.1.1:2 | 200.1.1.1:2 |
| icmp | 198.1.1.101:3 | 10.1.1.2:3 | 200.1.1.1:3 | 200.1.1.1:3 |

从以上内容可以看出，该 ICMP 报文的源地址 10.1.1.1 被转换为公网地址 198.1.1.100，源地址 10.1.1.2 被转换为公网地址 198.1.1.101。经过一定时间，再次执行以上命令，会发现 NAT 表项全部消失。这是因为 NAT 表项具有一定的老化时间，一旦超过时间，NAT 表项将被删除。

还可以通过以下命令观察 NAT 的调试信息。

```
R1#debug ip nat
IP NAT debugging is on
R1#
NAT: s=10.1.1.1->198.1.1.101, d=200.1.1.1 [45]
NAT*: s=200.1.1.1, d=198.1.1.101->10.1.1.1 [57]
NAT: s=10.1.1.1->198.1.1.101, d=200.1.1.1 [46]
NAT*: s=200.1.1.1, d=198.1.1.101->10.1.1.1 [58]
NAT: s=10.1.1.1->198.1.1.101, d=200.1.1.1 [47]
NAT*: s=200.1.1.1, d=198.1.1.101->10.1.1.1 [59]
NAT: s=10.1.1.1->198.1.1.101, d=200.1.1.1 [48]
NAT*: s=200.1.1.1, d=198.1.1.101->10.1.1.1 [60]
```

由以上调试信息可以看出,在 R1 的 GigabitEthernet0/1 的 out 方向,ICMP 报文的源地址 10.1.1.1 被转换为公网地址 198.1.1.100;在 GigabitEthernet0/1 的 in 方向,IC-MP 报文的源地址 198.1.1.100 被转换为私有地址 10.1.1.1。

# 9.7　PAT 配置实训

### 1. 实训目标

(1)了解 PAT 的运行机制。

(2)掌握 PAT 的配置方法。

(3)掌握网络地址转换的检查方法。

### 2. 实训环境

PAT 配置拓扑图如图 9-3 所示。

### 3. 实训要求

假定企业已申请到一个公网地址 198.1.1.100,请在 NAT 设备 R1 上配置 PAT 实现企业局域网可以成功访问 Internet 上的服务器。

### 4. 实训步骤

(1)依照 9.6 节实训步骤(1)和(2),搭建实训环境,配置基本参数和路由协议使得外部网络连通。此时由内部网络 PC A 或者 PC B 执行 Ping 命令,检查其与 Server 的连通性,无法连通。

(2)在 R1 上配置 PAT。

①创建 NAT 地址池,地址范围只包括一个地址 198.1.1.100。

```
R1(config)#ip nat pool a 198.1.1.100 198.1.1.100 netmask 255.255.255.0
```

②定义一条允许 10.1.1.0/24 网段流量通过的 ACL。

```
R1(config)#access-list 1 permit 10.1.1.0 0.0.0.255
```

③设置 R1 的 inside 口和 outside 口,将地址池与 ACL 关联。

```
R1(config)#interface GigabitEthernet0/0
R1(config-if)#ip nat inside
R1(config-if)#interface GigabitEthernet0/1
R1(config-if)#ip nat outside
R1(config-if)#exit
R1(config)#ip nat inside source list 1 pool a overload
```

注意此处携带关键字 overload,即允许 NAT 对 IP 报文进行端口转换。

### 5. 实训调试

(1)检查连通性。

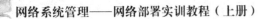

如 9.6 节实训调试步骤(1)一样,在 PC A 和 PC B 上分别执行 Ping 命令,检查其与 Server 的连通性,发送多个 Ping 包,使得 NAT 表项持续时间足够长,方便后续查看。

经检查发现 PC A 和 PC B 均能 Ping 通外部网络中的 Server。

(2)检查 NAT 表项。

```
R1♯show ip nat translation
Pro      Inside global      Inside local      Outside local      Outside global
icmp     198.1.1.100:49     10.1.1.1:49       200.1.1.1:49       200.1.1.1:49
icmp     198.1.1.100:50     10.1.1.1:50       200.1.1.1:50       200.1.1.1:50
icmp     198.1.1.100:51     10.1.1.2:51       200.1.1.1:51       200.1.1.1:51
icmp     198.1.1.100:52     10.1.1.2:52       200.1.1.1:52       200.1.1.1:52
```

经检查发现,源地址的端口号 10.1.1.1：49 被转换为公网地址端口号 198.1.1.100:49,10.1.1.2:51 被转换为 198.1.1.100:51,两台内部主机在与外网通信过程中虽使用相同的公网地址,但通过 NAT 表项中不同的端口号来区分。PAT 正是通过对数据包的网络层和传输层信息同时转换来提高公网地址的使用效率。

# 9.8　一对多地址转换配置实训

## 1. 实训目标

(1)了解一对多地址转换的运行机制。

(2)掌握一对多地址转换的配置方法。

(3)掌握网络地址转换的检查方法。

## 2. 实训环境

一对多地址转换配置如图 9-3 所示。

## 3. 实训要求

本实训使用一对多的地址转换方式在 NAT 设备 R1 上进行配置,令其接口 Gi0/1 的 IP 地址为企业局域网内需要访问外网的用户动态分配公网地址和协议端口号,实现企业局域网内部主机 PC A 和 PC B 可以成功访问因特网上的服务器。

## 4. 实训步骤

(1)依照 9.6 节实训步骤(1)和(2),搭建实训环境,配置基本参数和路由协议使得外部网络连通。此时由内部网络 PC A 或者 PC B 执行 Ping 命令,检查其与 Server 的连通性,无法连通。

(2)在 R1 出接口获得动态 IP 地址后配置一对多的地址转换方式。

①定义一条允许 10.1.1.0/24 网段流量通过的 ACL。

```
R1(config)♯access-list 1 permit 10.1.1.0 0.0.0.255
```

②设置 R1 的 inside 口和 outside 口,与 ACL 关联。

```
R1(config)#interface GigabitEthernet0/0
R1(config-if)#ip nat inside
R1(config-if)#interface GigabitEthernet0/1
R1(config-if)#ip nat outside
R1(config-if)#exit
R1(config)#ip nat inside source list 1 interface GigabitEthernet0/1 overload
```

注意此处没有 NAT 地址池,默认使用出接口的 IP 地址作为转换后的公网地址。

**5. 实训调试**

(1)检查连通性 。

同 9.6 节实训调试步骤(1),在 PC A 和 PC B 上分别执行 Ping 命令,检查其与 Server 的连通性,发送多个 Ping 包,使得 NAT 表项持续时间足够长,方便后续查看。

经检查发现 PC A 和 PC B 均能够 Ping 通外部网络中的 Server。

(2)检查 NAT 表项。

```
R1#show ip nat translation
Pro   Inside global        Inside local       Outside local      Outside global
icmp  198.1.1.1:49         10.1.1.1:49        200.1.1.1:49       200.1.1.1:49
icmp  198.1.1.1:50         10.1.1.1:50        200.1.1.1:50       200.1.1.1:50
icmp  198.1.1.1:51         10.1.1.2:51        200.1.1.1:51       200.1.1.1:51
icmp  198.1.1.1:52         10.1.1.2:52        200.1.1.1:52       200.1.1.1:52
```

经检查发现,源地址的端口号 10.1.1.1:49 被转换为公网地址端口号 198.1.1.1: 49,10.1.1.2:51 被转换为 198.1.1.1:51,两台内部主机在与外网通信过程中都被转换为 NAT 设备出接口的 IP 地址作为公网地址,通过 NAT 表项中不同的端口号来区分。

# 9.9　端口映射配置实训

**1. 实训目标**

(1)了解端口映射的工作机制。
(2)掌握端口映射的配置方法。
(3)掌握网络地址转换的检查方法。

**2. 实训环境**

端口映射配置拓扑图如图 9-4 所示。

**3. 实训要求**

假设企业已申请到公网地址 198.1.1.100,企业局域网内部服务器 Server 需向外部网络提供 ICMP 服务、FTP 服务和 Web 服务,请在 NAT 设备 R1 上为 Server 静态映射公网地址和协议端口。

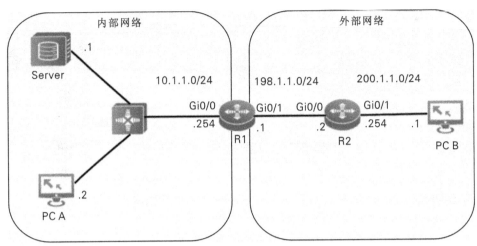

图 9-4　端口映射配置拓扑图

### 4. 实训步骤

(1)依照图 9-4 搭建实训环境,配置基本参数和路由协议使得外部网络连通。此时由内部网络 PC A 或者 Server 执行 Ping 命令,检查其与 PC B 的连通性,无法连通。

(2)在 R1 上配置端口映射。

```
R1(config)#ip nat outside source static 198.1.1.100 10.1.1.1
```

### 5. 实训调试

(1)由外部网络主机 PC B 执行 Ping 命令,检查其与内部服务器 Server 的公网地址 198.1.1.100 的连通性,能够 Ping 通。

```
C:\>ping 198.1.1.100

Pinging 198.1.1.100 with 32 bytes of data:
Reply from 198.1.1.100: bytes=32 time<1ms TTL=126
Reply from 198.1.1.100: bytes=32 time<1ms TTL=126
Reply from 198.1.1.100: bytes=32 time<1ms TTL=126

Ping statistics for 198.1.1.100:
    Packets: Sent = 3, Received = 3, Lost = 0 (0% loss),
Approximate round trip times in milli-seconds:
    Minimum = 0ms, Maximum = 9ms, Average = 1ms
```

(2)检查 NAT 表项。

| Pro | Inside global | Inside local | Outside local | Outside global |
|-----|---------------|--------------|---------------|----------------|
| --- | --- | --- | 10.1.1.1 | 198.1.1.100 |

R1#show ip nat translation

由以上内容可知,私有地址 10.1.1.1 与公网地址 198.1.1.100 在 NAT 设备表项中是一对一的映射关系。

## 【任务小结】

NAT 是目前网络中常用的技术,它可以有效地缓解 IPv4 地址匮乏的问题,并提高内部网络的安全性。NAT 按照地址映射关系的产生方式分为静态 NAT 和动态 NAT 两大类。其中动态 NAT 根据是否使用端口信息又分为多对多地址转换和 PAT 两种方式。多对多的地址转换方式为不使用 TCP/UDP 端口信息实现的多对多地址转换,对单个 IP 地址来说,私有地址和公网地址间是一对一的关系;PAT 为使用 TCP/UDP 端口信息实现的多对一地址转换。一对多的地址转换方式属于一种特殊的 PAT,直接使用接口的 IP 地址作为转换后的地址,适用于公网地址无法预知的场合。端口映射能实现外部网络主机主动连接内部网络中的服务器。

NAT 命令如表 9-3 所示。

表 9-3                                                                NAT 命令

| 命令 | 操作 |
| --- | --- |
| ip nat pool *pool-name start-addr end-addr* netmask *netmask* | 配置 NAT 地址池 |
| ip nat inside source list *acl-number* pool *pool-name* | 配置多对多的地址转换方式 |
| ip nat inside source list *acl-number* pool *pool-name* overload | 配置 PAT |
| ip nat inside source list *acl-number* interface *interface-id* | 配置一对多的地址转换方式 |
| ip nat outside source static *pro-type global-addr global-port local-addr local-port* | 配置端口映射 |
| show ip nat translations | 查看 NAT 表项 |

## 【任务拓展】

**1. 填空题**

(1)若 NAT 设备的公网地址是通过 ADSL 由运营商动态分配的,在这种情况下,可以使用_____。

(2)在路由器上,可以使用_____命令清除 NAT 会话表项。

(3)使用_____命令查看 NAT 表项。

(4)在路由器上,如果想查看 NAT 转换的报文数量,应该使用_____命令。

(5)PAT 主要对数据包的_____信息进行转换。

(6)在配置完 PAT 后,发现有些内网地址始终可以 Ping 通外网,有些则始终不能,可能的原因有_____。

(7)在 Windows 操作系统中,_____命令能够显示 ARP 表项信息。

(8)TFTP 采用的传输层知名端口号为_____。

**2. 选择题(选择一项或多项)**

(1)要查看 NAT 数据包的 debug 信息,应使用(    )命令打开 debug 信息并输出到显示器上。

A. ip debug nat                      B. nat ip debug

C. debug ip nat                      D. debug nat ip

(2)私网设备 A 的 IP 地址是 192.168.1.1/24,其对应的公网 IP 地址是 2.2.2.1;公网设备 B 的 IP 地址是 2.2.2.5。现需要设备 A 对公网提供 Telnet 服务,可以在 NAT 设备上使用的配置是(    )。

A. access-list 1 permit 192.168.1.1 0.0.0.255

ip nat pool a 2.2.2.1

interface Ethernet 0/1

ip nat inside source list 1 pool a

B. access-list 1 permit 192.168.1.1 0.0.0.255

ip nat pool a 2.2.2.1

interface Ethernet 0/1

ip nat inside source list 1 pool a overload

C. ip nat outside source static 2.2.2.1 192.168.1.1

D. ip nat outside source static tcp 2.2.2.1 192.168.1.1

E. ip nat outside source static tcp 2.2.2.1 23 192.168.1.1

(3)使用 show ip nat translations 命令查看 NAT 信息,显示如下:

| Pro | Inside global | Inside local | Outside local | Outside global |
|-----|---------------|--------------|---------------|----------------|
| icmp | 198.1.1.1:49 | 10.0.0.1:49 | 200.1.1.1:49 | 200.1.1.1:49 |
| icmp | 198.1.1.1:50 | 10.0.0.1:50 | 200.1.1.1:50 | 200.1.1.1:50 |
| icmp | 198.1.1.1:51 | 10.0.0.2:51 | 200.1.1.1:51 | 200.1.1.1:51 |
| icmp | 198.1.1.1:52 | 10.0.0.2:52 | 200.1.1.1:52 | 200.1.1.1:52 |

由此信息可知,私网地址是(    )。

A. 192.80.28.12    B. 10.0.0.1        C. 192.80.29.4

D. 10.0.0.2        E. 192.80.28.11

(4)某私网设备 A 的 IP 地址是 192.168.1.1/24,其对应的公网 IP 地址是 2.2.2.1;公网设备 B 的 IP 地址是 2.2.2.5。若希望设备 B 能 Ping 通设备 A,可以在 NAT 设备上使用的配置是(    )。

A. access-list 1 permit 192.168.1.1 0.0.0.255

ip nat pool a 2.2.2.1 2.2.2.1 netmask 255.255.255.0

interface Ethernet 0/1

ip nat inside source list 1 pool a

B. access-list 1 permit 192.168.1.1 0.0.0.255

ip nat pool a 2.2.2.1 2.2.2.1 netmask 255.255.255.0

interface Ethernet 0/1

ip nat inside source list 1 pool a overload

C. ip nat outside source static 2.2.2.1 192.168.1.1

D. ip nat outside source static icmp 2.2.2.1 192.168.1.1

(5)下面关于多对多地址转换方式的说法中,正确的是(　　)。

A. 是 PAT 的一种特例

B. 不需要配置 ACL 来匹配需要被 NAT 转换的报文

C. 不需要配置 NAT 地址池

D. 适用于 NAT 设备拨号或动态获得公网 IP 地址的情形

(6)网络环境如图 9-5 所示,(　　)是正确的 PAT 配置。

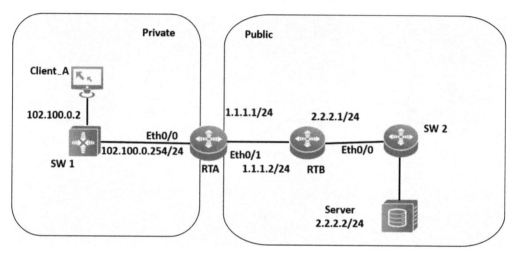

图 9-5　网络拓扑图

A. access-list 1 permit 102.100.0.254

ip nat pool a overload 1.1.1.1 1.1.1.1 netmask 255.255.255.0

interface Ethernet 0/1

ip nat inside source list 1 pool a

B. access-list 1 permit 192.168.0.2 0.0.0.255

ip nat pool a 1.1.1.1 1.1.1.1 netmask 255.255.255.0

interface Ethernet 0/1

ip nat inside source list 1 pool a overload

C. access-list 1 permit 192.168.0.2 0.0.0.255

interface Ethernet 0/1

ip nat inside source list 1 pool a overload

D. access-list 1 permit 192.168.0.2 0.0.0.255

interface Ethernet 0/1

ip nat inside source list 1 interface Ethernet 0/1 overload

(7)图 9-6 所示的网络环境中,在 RTA 上执行如下 NAT 配置:

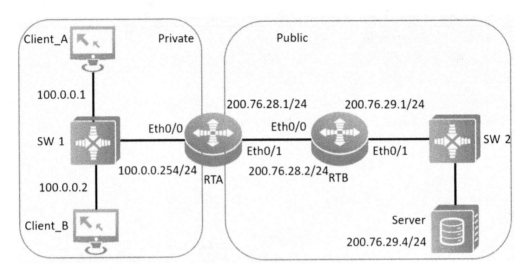

图 9-6    NAT 配置拓扑图

［RTA］acl number 2000

［RTA-acl-basic-2000］rule 0 permit source 10. 0. 0. 0 0. 0. 0. 255

［RTA-acl-basic-2000］nat address-group 1 200. 76. 28. 11 200. 76. 28. 11

［RTA］interface Ethernet0/1

［RTA-Ethernet0/1］nat outbound 2000 address-group 1

RTA(confit)♯access-list 1 permit 100. 0. 0. 0 0. 0. 0. 255

RTA(confit)♯ip nat pool a 200. 76. 28. 11 200. 76. 28. 11 netmask 255. 255. 255. 0

RTA(confit)♯interface Eth0/0

RTA(confit-if-Eth0/0)♯ip nat inside

RTA(confit-if-Eth0/0)♯interface Eth0/1

RTA(confit-if-Eth0/1)♯ip nat outside

RTA(confit-if-Eth0/1)♯exit

RTA(confit)♯ip nat inside source list 1 pool a overload

配置后,Client_A 和 Client_B 都在访问 Server,则此时 RTA 的 NAT 表可能为（     ）。

A. Pro      Inside global      Inside local      Outside local      Outside global

 icmp   200. 76. 28. 11:25   100. 0. 0. 1:25   200. 76. 29. 4:25   200. 76. 28. 4:25

 icmp   200. 76. 28. 11:15   100. 0. 0. 2:15   200. 76. 29. 4:15   200. 76. 29. 4:15

B. Pro      Inside global      Inside local      Outside local      Outside global

 icmp   200. 76. 28. 11:25   100. 0. 0. 1:25   200. 76. 29. 4:25   200. 76. 29. 4:25

 icmp   200. 76. 28. 12:15   100. 0. 0. 2:15   200. 76. 29. 4:15   200. 76. 29. 4:15

C. Pro    Inside global        Inside local        Outside local        Outside global

icmp    200.76.28.12:25    100.0.0.1:25    200.76.29.4:25    200.76.29.4:25

icmp    200.76.28.11:15    100.0.0.2:15    200.76.29.4:15    200.76.29.4:15

D. Pro    Inside global        Inside local        Outside local        Outside global

icmp    200.76.28.11:25    100.0.0.1:25    200.76.29.4:25    200.76.29.4:25

icmp    200.76.28.11:15    100.0.0.2:15    200.76.29.4:15    200.76.29.4:15

**3. 综合题**

如图 9-7 所示,路由器 R1 是为企业内部网络提供 NAT 服务的设备,外部网络运行 RIP 协议,为确保网络的连通性,请按照以下要求完成实训。

(1)完成内部网络和外部网络中各设备基本参数的配置。

(2)在路由器 R1、R2 和 R3 上分别配置 RIP 协议,保证网络连通。注意思考在 R1 上配置时是否需要通告内部网络。

(3)假定 ISP(Internet service provider,互联网服务提供商)分配了 198.1.1.32/28 子网内的 IP 地址供该企业使用,请在 R1 上配置多对多的地址转换方式实现企业内部网络中的所有节点可以访问外部网络中的 Web Server。

(4)因企业业务调整,需将有限的公网地址合理分配使用,现只允许使用 198.1.1.33 地址作为供 NAT 设备转换内部私有地址使用,请改变原配置,使用合理的配置方式实现内部节点访问外部网络中的 Web Server。

(5)因 ISP 改变运营策略,要求为企业动态分配公网 IP 地址,请改变原配置,并使用合理的配置方式实现内部节点访问外部网络中的 Web Server。

(6)因企业业务拓展,现内部网络中的服务器 Server 为外部网络提供 Web 和 FTP 服务,请合理配置 NAT 设备,使得外部网络中的 Web Server 能够访问内部网络提供的服务。

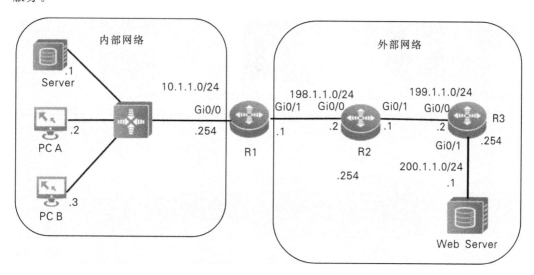

**图 9-7   NAT 综合实训拓扑图**

# 附录　任务拓展答案

本书任务拓展答案可扫描以下二维码获取。

任务 1
拓展答案

任务 2
拓展答案

任务 3
拓展答案

任务 4
拓展答案

任务 5
拓展答案

任务 6
拓展答案

任务 7
拓展答案

任务 8
拓展答案

任务 9
拓展答案

# 参 考 文 献

[1] 汪双顶,武春岭,王津. 网络互联技术:理论篇[M]. 北京:人民邮电出版社,2020.

[2] 梁广民,王隆杰. 网络设备互联技术[M]. 北京:清华大学出版社,2006.

[3] 殷玉明. 交换机与路由器配置项目式教程[M]. 北京:电子工业出版社,2010.

[4] 张平安. 交换机与路由器配置管理任务教程[M]. 2版. 北京:中国铁道出版社,2012.

[5] 姜大庆,吴强. 网络互联及路由器技术[M]. 2版. 北京:清华大学出版社,2014.

[6] 陶建文,邹贤芳. 网络设备互联技术[M]. 北京:清华大学出版社,2011.

[7] 梁广民,王隆杰. 网络互联技术[M]. 北京:高等教育出版社,2014.